여행육아의 힘

낯섦과 두려움을 자신감과 성장으로 바꾸는

여행육아의 힘

서효봉 지음

카시오페아
Cassiopeia

인생을 뒤바꾼 '여행', 교육의 터닝 포인트 '여행'

집으로 돌아왔다. 뜨거운 물에 샤워하다 나도 모르게 피식 웃었다. 오늘 아이들과 여행하며 나눴던 대화가 떠올라서.

오늘은 전주로 여행을 다녀왔다. 유난히 바람이 많이 부는 날이었다. 한옥마을 주차장에 주차를 하고 걸어가는데, 세찬 바람에 내 머리카락이 휘날리고 이마가 훤히 드러났다. 그 모습을 본 아이들이 다 같이 합창하듯 말했다.

"선생님! 안구 테러하지 말고 이마 좀 어떻게 해봐요!"
"왜? 내 이마가 어때서? 이 녀석들아, 안구 테러라니?"
"안구 테러 몰라요? 내 눈이 썩는다고요!"
"뭐? 눈이 썩는다고? 진짜 테러가 뭔지 보여줘?"

"헐! 우리 먼저 갈게요."

나 잡아보란 듯이 달려가는 아이들 뒤를 따르며 머리를 정리했다. 왠지 웃음이 났다. 아이들에게 놀림을 받는데 웃음이 나오다니. '안구 테러라는 말이 너무 웃겼나?' 생각하면서 아이들을 향해 달려갔다. 얼른 붙잡아 웃으면서 하나씩 이마를 까주었다. 선생님의 소심함에 치를 떠는 아이들과 함께 바람 부는 한옥마을을 돌아다녔다. 다 함께 이마를 빛내면서.

저는 이렇게 삽니다. 주말이면 아이들과 함께 우리나라 여기저기를 돌아다닙니다. 방학이면 청소년들과 유럽, 일본, 중국 같은 해외로 배낭여행을 가기도 합니다. 아이들과 여행하며 살고 있습니다. 그렇다고 제가 여행을 엄청나게 좋아한다고 오해하진 마세요. 원래 제 꿈은 교사였으니까요. 대학을 졸업할 때까지만 해도 교사가 되고 싶다는 꿈을 버리지 않았지요.

하지만 아이들과 여행하는 일을 시작하고 경험이 쌓이면서 좀 다른 길을 걷기로 했습니다. 여행으로도 아이들을 교육하고 성장시킬 수 있다는 걸 확실히 느꼈기 때문이지요. 학교만이 유일한 교육이라는 생각은 고정관념이었습니다. 여행을 통해 달라지는 아이들을 지켜보면서 이

것이야말로 정말 필요한 교육이라는 생각이 들었습니다.

그렇게 점점 진지하게 빠져들다 보니 어느새 이 동네 저 동네를 아이들과 함께 여행하는 게 직업이 되었네요. 지금 함께 일하는 사람들과 이일을 시작한 지 10년쯤 되었습니다. 긴 시간 동안 제가 이 일을 할 수 있었던 것은 저를 이끌어준 스승과 같은 사람들이 있었기 때문입니다. 그들에게 받은 도움과 제가 지금껏 만나왔던 부모님, 아이들을 생각하면서 이 책을 쓰게 되었습니다.

이 책은 여행으로 교육하기를 원하는 부모를 위한 책입니다. 그런데 일반 여행서처럼 여행지에 대한 정보를 담고 있진 않습니다. 대신 여행으로 교육하고 싶지만 어떻게 시작해야 할지 몰라 고민 중이거나, 아이 교육을 위해 새로운 활동을 찾고 있는 사람들에게는 하나의 이정표가 될 수 있을 겁니다.

이 책의 첫 번째 목표는 여러분들 마음속에 '여행으로도 교육할 수 있다'는 확신을 심어주는 것입니다. 그다음 목표는 여행으로 아이를 교육하는 데 필요한 '기본적인 자세'와 '마음가짐'을 알아보는 것입니다. 마지막 목표는 행복한 여행을 위한 몇 가지 원칙과 노하우를 소개하고, 여행이 지닌 교육적 의미를 생각해보는 데 있습니다.

'여행으로 교육한다'는 말이 아직은 생소할 수 있습니다. 체험학습이라는 이름으로 많은 아이들이 여기저기 몰려다니지만, 한 번씩 가는 이벤트 정도로 여길 뿐이니까요. 부모와 아이가 함께 가는 가족여행도 많이 늘었지만, 그걸 교육이라고 생각하는 사람은 많지 않습니다. 여행은 여가 활동이고 가서 좋은 추억을 만들고 오는 게 목표라면 머리 아프게 고민할 필요도 없습니다. 하지만 여행이 우리에게 주는 의미와 교육적인 효과를 따져보고 싶다면 꼭 한번 시도해보세요. 상상하는 것 이상으로 많은 걸 변화시킬 수 있습니다.

특히 여행의 힘을 잘 알고 여행을 통해 세상을 바라보는 시야를 넓힌 사람이라면 굳이 길게 설명하지 않더라도 기대가 클 것입니다. 직접 경험하고 느꼈을 테니까요. '이렇게 좋은 걸 우리 아이도 경험하게 해주자'는 생각을 한 번이라도 해봤다면 꼭 실행에 옮기길 권합니다.

그런데 막상 시작하려고 하니 어떻게 해야 할지 참 막막합니다. 뭐부터 해야 할까요? 어딜 가면 좋을까요? 가서 뭘 해야 할까요? 인터넷을 검색해봅니다. 각종 블로그에 깨알 같은 정보들이 쏟아져나옵니다.

"일단 여행지 정하고, 일정 잡고, 숙소 예약하고……."

갑자기 바빠지고 할 일이 넘쳐납니다. 달력을 보니 주말마다 일정이 가득합니다. 챙겨야 할 경조사는 또 왜 이리 많을까요? 이렇게 저렇게 제외하다 보니 아이 방학과 회사 휴가가 겹치는 때뿐입니다. 그때는 물

가도 비싸지고 차도 밀리고 게다가 사람까지 바글바글하지요. 김이 팍 샙니다. 이것마저도 달력을 한참 넘겨야 겨우 동그라미를 칠 수 있네요.

여행 한번 갔다 오기 참 힘듭니다. 아니 가지도 않았는데 벌써 지칩니다. 대체 뭐가 문제일까요? 정보가 부족해서? 시간이 없어서? 돈이 없어서? 다 버리고 떠나라! 이런 말은 하지 않겠습니다. 그럴 수 있다면 진작 그랬겠지요. 그냥 갔다 오기도 힘들 것 같은데 여행으로 교육까지 하라니 이거 정말 난감합니다.

이번엔 좀 다르게 시작해보겠습니다. 교육은 어떤가요? 다른 건 몰라도 우리 아이가 학교는 꼭 다녀야 합니다. 남들 다 다니는 학원도 2~3개쯤은 다녀야겠지요. 부모가 아이 교육에 소홀하다는 소리를 들으면 이것만큼 자존심 상하는 일도 없을 겁니다. 자존심이 아니더라도 사랑하는 내 아이를 위해서 교육만큼은 꼭 신경 써주고 싶습니다.

그런데 삶이 참 팍팍합니다. 아이 하나 키우는 데 왜 이렇게 돈이 많이 드는지. 돈도 돈이지만 내 아이가 클수록 불안합니다. 학교와 학원에서 공부는 잘하는 건지, 친구들하고 관계는 괜찮은지 걱정됩니다. 행여 학교에서 호출이라도 올까 봐, 학원 선생님이 상담하자고 할까 봐 겁이 납니다.

이 걱정이 현실이 되면 더 초조해집니다. 사는 것도 힘든데 애까지 왜 이러나 싶지요. 그래도 그냥 둘 순 없으니 아이 교육에 좋다는 책도 읽고 강좌도 들어봅니다. 읽고 들을 땐 정말 그렇구나 싶은데 막상 아이 교육에 적용하려니 뭘 어떻게 해야 할지 모르겠습니다.

뭐 좋은 방법 없을까요? 없습니다. 이게 무슨 소리냐고요? 모든 걸 만족하는 방법은 없습니다. 하나는 포기해야지요. 바로 우리 머릿속의 생각입니다. 먼저 우리 머릿속에 있는 많은 생각을 지우고 다시 출발해야 합니다. 너무 많은 것을 미리 걱정하고 불안해하면 되는 일이 하나도 없습니다. 지금까지 해왔던 생각은 모두 잊고 새롭게 시작합시다.

그런 다음 해야 할 일은 여행에 우선권을 주는 것입니다. 여행이 놀러 가는 게 아니라 나와 내 아이를 위한 '가치 있는 활동'이라고 생각해보면 어떨까요? 학원을 빠져서라도, 다른 일정을 뒤로 미루고서라도 떠날 수 있습니다. 만약 떠날 수 없다면 당신은 뭐가 더 중요한지 잘 모르는 사람입니다. 강물에 떠내려가듯이 휩쓸려 살다 보면 정말 중요한 게 무엇인지 잊을 때가 많습니다. 지금보다 조금만 더 진지해지면 됩니다. 흔들리는 마음을 다잡고 생각해봅시다.

가치 있는 활동은 여러 가지가 있겠지요? 그 가운데 부모가 아이를 위해 해줄 수 있는 가장 가치 있는 활동은 아마 '교육'일 겁니다. 내 아이를 교육하고 싶다면 아이와 함께하는 시간이 필요합니다. 이런저런 일 다 하면서 일상에 쫓기는 가운데 아이를 제대로 교육하고 싶다는 건 욕심입니다. 입으로는 아이를 사랑한다고 하면서 아이를 위해 시간을 내지 못한다는 건 모순입니다.

사랑하는 아이를 위해 시간을 내세요. 아이와 손잡고 여행을 떠나세요. 그 여행을 가치 있는 활동으로 만들어보세요. 여행으로 교육할 수 있다는 조금의 희망이라도 체험한다면, 머지않아 그 희망이 확신으로 자리 잡으리라 장담합니다.

저에게 여행은 참 특별한 의미가 있습니다. 여행을 좋아했던 건 아니지만 여행하면서 꿈이 달라졌고 예상과는 전혀 다른 삶을 살고 있습니다. 여행으로 아이들을 가르친다고 돌아다녔지만, 오히려 많은 것을 배웠고 지금도 배우고 있습니다. 저뿐만 아니라 많은 사람들이 여행을 통해 새로운 것을 깨닫고 새로운 삶을 살고 있습니다.

교육에 대한 생각도 많이 달라졌습니다. 교육은 이렇게 해야 한다는 일종의 수학 공식 같은 게 있다고 믿었지만, 실제로 아이들을 만났을 때 답은 나오지 않았습니다. 그것은 그저 제 고집이었고, 제가 받아온 교육이 남긴 고정관념이었습니다.

새로운 세상을 경험하고 뜻밖의 사람들을 만나면서 제 머릿속 교육은 방향 자체가 달라졌습니다. 이제는 날마다 시도 때도 없이 아이들을 만난다고 해서 교육에 대해 이해할 수 있다고 믿지는 않습니다. 아이들을 만나는 경험도 중요하지만, 세상을 만나는 경험이 더 중요함을 알았습니다. 인간에 대한 이해, 세상을 바라보는 가치관 같은 근본적인 것을 고민하고 나름의 철학을 가져야 교육의 밑바탕을 만들 수 있다고 믿습니다.

시작부터 너무 진지했나요? 저에게 여행은 특별한 의미가 있습니다. 이 의미를 여러분도 진하게 공감할 수 있다면 정말 좋겠습니다.

이제 여행 한번 떠나볼까요?

별이 빛나는 새벽,
나의 보금자리에서

아이 교육, 여행이 답이다

아이와 함께하는 여행의 여섯 가지 원칙

아이와 함께하는 여행을 풍요롭게 하는 약속

길 위에서 생각한 교육

아이 교육,
여행이
답이다

지금 우리 아이에게
필요한 것, 여행

여행이 좋다는 걸 모르는 부모는 없습니다. 다들 여행이 좋다고 생각합니다. 하지만 이상하게도 여행이 왜 좋은지, 어떤 이유로 필요한지는 감이 잡히질 않습니다. 좋은 것 같긴 한데 감이 잘 오지 않는다는 것은 정보가 부족하다는 뜻이지요.

우리 아이에게 여행이 필요한 이유는 무엇일까요? 인터넷에 '여행이 필요한 이유'라고 검색해봤습니다. 정말 다양한 이유가 나옵니다. 도전, 단합, 스트레스 해소, 일탈 같은 키워드가 주르륵 이어집니다. 클릭을 좀 더 하고 싶지만 두렵습니다. 얼마나 더 많은 이유가 쏟아져 저를 설득할지 걱정됩니다. 검색을 그만두고 가만히 생각해봤습니다.

왜 하필 여행이어야 할까? 여행하면 무엇을 배울 수 있을까?

우리는 태생적으로 여행자다

문제 하나 내겠습니다. 미국의 천문학자 칼 세이건은 그의 책 《창백한 푸른 점》에서 이렇게 이야기했습니다.

저 창백한 푸른 점이 고향이고 우리이다. 저 위에서 우리가 사랑하는 모든 이들이, 우리가 아는 모든 이들이, 우리가 한 번이라도 들어본 모든 이들이, 그리고 이전에 존재했던 모든 인간이 살아왔고 살아가고 있다. (중략) 한 줄기 햇살 속에 떠 있는 저 먼지 알갱이 위에서 말이다.

칼 세이건이 말한 '창백한 푸른 점'은 뭘까요? 너무 쉽죠? 정답은 '지구'입니다. 그의 말처럼 지구는 우리 모두의 고향이고, 우리 자신이기도 합니다. 인류의 모든 역사가 지구 위에서 이루어졌고, 지금도 지구는 우리의 든든한 집입니다.

여기서 문제 하나 더 내겠습니다. 여행 떠날 때는 까맣게 잊고 있다가 여행 가면 절실하게 생각나는 것은? 여러 가지가 있겠지만 저는 '집'이 가장 먼저 생각났습니다. 여행은 기본적으로 돌아갈 집이 있을 때 가능한 일이지요. 집 없이 떠돌아다니는 것은 여행이 아니라 유랑입니다. 여행을 떠날 땐 멋진 여행지에 대한 생각이 머릿속에 가득합니다. 하지만 막상 여행지에서 조금만 고생하면 "집 떠나면 고생이다"라는 말이

절로 나옵니다. 여행은 집의 의미를 생각하게 합니다. 집에 있는 부모님은 물론이고 지겹기만 했던 일상조차도 그리워지지요.

　각자의 집은 다 다르겠지만, 인류의 집은 지구입니다. 과학기술이 발달해 우주여행까지 바라보는 시대가 되었지만, 여전히 지구는 우리의 삶을 떠받치는 안식처입니다. 몇 년 전, 과학과 관련된 세미나에서 영상을 하나 봤는데 꽤 충격을 받았습니다. 5분 정도의 짧은 영상에서 소개하고 있는 내용을 정리하면 이렇습니다.

　　지구가 태양을 한 바퀴 도는 데 걸리는 시간은 365일 5시간 48분 46초
　　1년 동안 지구가 태양 주위를 도는 거리 9억 5,000만km
　　시속 10만 7,000km로 1년을 항해하는 지구
　　(중략)
　　60억 인구를 태운 거대한 우주선 지구
　　60억 인구가 초속 30km 속도로 지구라는 우주선을 타고 시작하는 '여행'

　　　　　　　　　　　　　　　　　　　　　　　– EBS 〈지식채널e〉 중에서

'이런, 맙소사! 우리가 사는 지구가 지금도 1초에 30km라는 거리를 날아 비행하고 있는 우주선이었다니!' 하고 넘치게 경악할 필요는 없겠지만, 어찌 됐든 새삼 놀라운 일이지요? 지구가 태양 주위를 공전한다는 사실을 알고는 있지만 '공전'이라는 말과 '60억 인구가 초속 30km

속도로 지구라는 우주선을 타고 시작하는 여행'이라는 말은 느낌부터 다릅니다. 지금 우리가 처해 있는 상황을 본질적으로 정확하게 짚어낸 표현입니다.

더 놀라운 것은 우리는 지구라는 우주선 안에서도 여행을 떠난다는 사실입니다. 우주선의 이쪽 지역과 저쪽 지역은 언어와 문화가 다르기에 서로 다투기도 하지만 서로를 이해하기 위해 노력하기도 합니다. 여행자들은 새로운 세계에서 있었던 새로운 경험을 다른 이들에게 전해줍니다. 그들의 이야기를 듣고 나도 경험해보겠다고 결심하는 순간 새로운 여행자들이 생겨납니다. 그럼 그렇지 않은 사람들은? 그들은 여행과 같이 피곤한 일은 할 필요도 없고 할 여유도 없다고 생각할지도 모릅니다. 하지만 집에 틀어박혀 있다고 해서 여행하지 않는다고 생각한다면 착각입니다.

우리의 삶은 곧 여행입니다. 우리 아이에게 여행이 필요한 이유는 이런 삶의 본질을 알려주기 위해서입니다. 여행을 경험한 많은 사람들이 '인생이 곧 여행'이라고 말합니다. 여행을 통해 지금 우리 삶의 본질을 깨닫습니다. 우리는 우리의 의지와는 관계없이 태생적으로 운명적으로 끊임없이 여행 중입니다. 초속 30km, 시속 10만 7,000km의 속도로. 저는 키보드를 두드리고 당신은 어딘가에서 책을 읽고 있는 지금 이 순간에도 우리의 여행은 계속되고 있습니다.

여행으로 인생을 돌아보다

그리스로 갔던 〈꽃보다 할배〉에서 배우 박근형은 이렇게 말했습니다.

"어렸을 때 배우를 하기 위해 육지로 왔을 때부터 내 인생은 여행이었다. 어떻게 그렇게 용기 있는 짓을 했는지."

50년 넘게 연기하면서 온갖 배역을 다 소화했던 베테랑 배우에게도 인생은 여행이었나 봅니다. 인생과 여행은 확실히 닮은 구석이 있습니다. 뭐가 닮았냐고요? 직접 여행 가서 느껴보세요. 여행하며 자기 인생을 돌아보면 분명 느낄 수 있습니다. 그런데 너무 늦지 않는 게 좋습니다. 극작가 조지 버나드 쇼가 남긴 묘비명을 잘 기억하세요.

"우물쭈물하다 내 이럴 줄 알았다."

경험, 새로운 문을 여는
황금 열쇠

우리에게 경험이 필요한 이유는 무엇일까요? 새로운 경험은 새로운 시각을 낳습니다. 그렇게 대상에 대한 새로운 시각이 많이 모이면 모일수록 균형 잡힌 세계관을 가질 수 있습니다. 경험의 차이는 세계관의 차이를 낳지요. 얼마나 많은 경험을 했느냐에 따라 세계관의 수준이 달라집니다. 사회에서 경험 많은 사람들을 우대하는 것도 경험의 가치를 인정하기 때문이지요.

여행만큼 새로운 경험을 많이 할 수 있는 활동은 없습니다. 여행이라는 활동은 그 자체가 낯선 곳을 향한 동경에서부터 시작됩니다. 그런 동경이 현실화되면 지금 여기 말고 다른 곳에서 새로운 환경을 경험하고 있는 나를 발견하게 됩니다. 우리가 어딘가에 여행을 다녀온 주변 사람들을 보고 부러워하는 이유는 그런 새로운 경험을 한번 해보고 싶다는 마음 때문입니다. 실제로 여행을 떠나 그 경험을 해보기 전에는 그들의 고생스러웠던 여정까지도 부럽게만 느껴집니다.

프랑스 파리에 있는 루브르 박물관 앞에 내가 서 있다고 상상해봅시다. 그 거대한 박물관 입구에서는 두 가지 단순한 의문이 듭니다. 첫째, 도대체 이 많은 사람들은 다 어디에서 왔을까? 둘째, 박물관 입장료는 왜 이렇게 비싼가?

하지만 의문이 든다고 해서 그 박물관을 포기하고 돌아서는 사람은 거의 없습니다. 어떻게든 꾸역꾸역 줄을 서서 한참을 기다린 후 값비싼 입장료를 내고 들어갑니다. 프랑스 파리의 루브르 박물관까지 왔는데 그 이름도 유명한 〈모나리자〉 한번 보지도 않고 돌아갈 순 없겠죠? 그러나 막상 〈모나리자〉 앞에 도착하면 그 앞에도 수많은 사람이 사진 한 번 찍어보겠다고 바글바글하게 모여 있는 것을 볼 수 있습니다. 그들의 포위망을 뚫고 들어가 〈모나리자〉 앞에서 우아한 자세로 감상을 즐기는 것은 무모한 도전에 가깝습니다.

그런데도 그 속으로 뛰어들어 사진기에 〈모나리자〉를 담아오는 이유는 진짜 〈모나리자〉를 만났고 그 만남의 증거를 사진으로 남기고 싶은 마음 때문입니다. 하지만 열심히 사진을 찍고 돌아 나오면 뭔가 모를 아쉬움이 남습니다. 정말 이것으로 끝이란 말인가? 명작을 앞에 두고 감동해 진한 눈물을 흘리지는 못하더라도 최소한 여유 있게 바라보고 싶은데, 사람들에게 치여 사진 몇 장 찍는 게 고작이라니. 한 번 더 기회가 있다면 이렇게 돌아가진 않으리라 생각도 해보지만, 대체로 다음 기회에도 사진만 찍다 밀려 나옵니다. 지난번보다 좀 더 적게 소극적으로. 물론 이것은 제 경험에 바탕을 둔 겁니다.

그런데 몇 번을 들리다 보면 그때부터는 〈모나리자〉보다는 다른 작품에 더 큰 관심을 두게 됩니다. '아니 이런 대단한 작품들이 있었다니!' 하고 감탄하기도 하고, 프랑스가 주인의 동의를 구하지 않고 가져온 다양한 다른 나라의 유물들을 보며 씁쓸해하기도 합니다. 처음 온 사람과는 조금 다른 짓을 하는 거지요. 이런 다른 짓이 곧 나만의 눈을 갖게 하고 수준의 차이를 만들어냅니다. 경험의 축적은 새로운 인식을 빚어냅니다. 이것이 곧 여행이 필요한 이유입니다.

가장 중요한 것은 눈에 보이지는 않는다

성공한 경험이든 실패한 경험이든 경험은 우리에게 무엇인가를 남깁니다. 그런데 우리는 성공만 좋아하고 실패는 두려워합니다. 성공보다 실패에서 더 많이 배운다는 걸 알면서도 '성공 못 하면 아무 소용없다'고 여깁니다. 눈에 보이는 보상과 결과에만 너무 집착하면 실패를 쓰레기처럼 여기게 됩니다.

실패는 좋은 경험입니다. 포기를 몰랐던 위인들에게 실패란 없었을까요? 그들의 실패는 성공을 위한 좋은 경험이었습니다. 우리 아이에게도 너무 성공만 주문하진 마세요. 열심히 하고 좋은 경험을 했다면 결과는 보너스 정도로 여기면 어떨까요? 어린 왕자의 이 말을 믿어보세요.

"가장 중요한 건 눈에 보이지 않아."

더불어 사는 법은
세상으로부터 배울 수 있다

　우리는 누구나 행복해지길 원합니다. 생활 속에서 충분히 만족과 기쁨을 느끼며 살아가고 싶은 마음이야 다 같을 겁니다. 그렇다면 행복은 어떻게 해야 얻어지는 걸까요? 영국에는 신경제재단(NEF)이라는 연구 기구가 있습니다. 삶의 질을 높이기 위한 개선책을 제안하고 실천하는 것을 목적으로 설립되었지요. 신경제재단은 일상생활에서 행복을 얻을 수 있는 실천 활동 다섯 가지를 제안합니다. 그 첫째가 가족, 친구, 동료, 이웃 등 '주변 사람들과 관계 맺기'입니다. 주변 사람들과 더불어 사는 것이 행복의 결정적 요인이라는 거지요.

　하지만 한국청소년정책연구원의 발표에 따르면 우리나라 청소년은 다양한 이웃과 조화롭게 살아가는 '사회적 상호작용 역량'이 세계 최하위입니다. 세계의 중학교 2학년 학생 14만 600여 명을 대상으로 설문

조사한 ICCS(국제 시민의식 교육연구) 자료를 토대로 계산한 결과, 한국은 0.31점(1점 만점)으로 35위에 그쳤습니다. 이 점수는 '관계 지향성', '사회적 협력', '갈등 관리'라는 3개의 영역을 점수로 매겨 계산한 것입니다. 자료에 따르면 우리나라 청소년들은 더불어 사는 법을 잘 모른다는 결론을 얻게 됩니다. 주변 사람들과 관계 맺기를 힘들어하니 청소년들의 삶도 행복하지 않겠죠?

더불어 산다는 것은 생각보다 어려운 일입니다. 다른 사람을 이해해야 하고 때로는 양보도 해야 합니다. 다툼이 생기지 않도록 조정할 줄도 알아야 하며, 갈등이 생기더라도 원만하게 해결해야 합니다. 나 자신도 추스르기 어려운데 다른 사람까지 신경 써야 하는 골치 아픈 일이지요.

아프리카 속담 중에 "빨리 가고 싶다면 혼자 가라. 그러나 멀리 가고 싶다면 함께 가라"는 말이 있습니다. 혼자서 할 수 있는 일이라면 혼자 하는 게 속 편하고 빠를 때도 있습니다. 그러나 더불어 사는 법을 배우면 혼자서는 느낄 수 없는 즐거움을 느낄 수 있고, 혼자서는 할 수 없는 많은 일을 해내게 됩니다.

예를 들어 여행할 때 아이가 혼자 따로 떨어지면 두려움 때문에 아무것도 할 수 없어 미아가 되곤 합니다. 하지만 아이가 여럿 모이면 서로에게 의지해 함께 헤쳐 나갈 수 있습니다. 목적지까지 가는 길을 묻거나 지하철, 버스 같은 대중교통을 타는 것도 척척 해냅니다. 혼자서는 할 수 없는 일을 힘을 모아 해내는 거지요. 11년간 프랑스 미테랑 대통령

보좌관을 지낸 자크 아탈리는 그의 책 《인간적인 길》에서 이렇게 말합니다.

관계자산(relation capital)을 키워가라. 가난함이란 지금까지는 '갖지' 못한 것을 의미했으나 가까운 장래에는 '소속되지' 못한 것이 될 것이다. 미래에는 첫째가는 자산이 네트워크에의 소속이 될 것이다. 이것은 '주도적으로 성취해가는 삶'을 살아갈 수 있는 우선적 조건이 될 것이다.

미래사회에서는 네트워크에 소속되는 것이 자산이 될 것이라는 그의 말은 더불어 사는 능력이 얼마나 중요한지를 명백히 보여줍니다. 앞으로는 돈 없는 사람이 가난한 사람이 아니라, 소속되지 못한 사람이 곧 가난한 사람이 되는 시대가 올지도 모릅니다.

그렇다면 더불어 사는 법은 어떻게 배울 수 있을까요? 가장 일반적인 방법은 부모나 타인의 행동을 보고 따라 하면서 배우는 것입니다. 이 과정은 충분한 시간이 필요하며, 더불어 살고자 하는 삶의 태도를 지닌 사람들이 주변에 있어야 하지요.

콩 한 쪽도 나눠 먹는다.
누군가를 위해 양보할 수 있다.
어려움에 처한 사람은 돕는다.

아픈 사람은 돌봐주어야 한다.

이런 삶의 태도를 지닌 부모 아래에서 자란 아이들을 살펴보면 자연스럽게 더불어 사는 법을 체득하고 있습니다. 하지만 요즘 같은 시대에 우리 아이들은 어른들의 경쟁부터 배웁니다. 어떤 부모는 그것만을 중점적으로 교육하기까지 하니 말 다했지요.

콩을 왜 나눠 먹나?
내가 살려면 양보 따위는 없다.
어려움에 처한 사람은 모른 척해야 편하다.
아픈 사람은 짐이다.

삶의 태도가 이렇게 규정지어지면 더불어 살 필요도 없다는 결론에 도달하게 되고 외로운 길을 걸을 수밖에 없습니다. 그러면 더불어 사는 법은 좋은 부모를 만나야만 배울 수 있는 걸까요? 결론부터 말하자면 아닙니다. 세상으로부터 더 확실히 배울 수 있습니다. 앞에서 이야기한 좋은 부모들 또한 세상의 다양한 사람들과 관계를 맺으며 더불어 사는 법을 배웠기 때문입니다. 더불어 사는 비법의 원천은 세상에 있습니다.

세상 속에 뛰어들어 비법을 전수받기 위해서는 어떻게 해야 할까요? 여행을 떠나야 합니다. 학교나 학원 같은 제한된 환경보다는 더 넓은 세상에서 더 많은 사람들이 더불어 살아가는 모습을 직접 보고 듣고 느끼는 것이 비법을 전수받는 데 훨씬 더 유리합니다.

여행 중에서도 배낭여행을 하다 보면 다른 사람의 도움을 받아야 할 때가 자주 생깁니다. 일단 처음 보는 사람에게 말을 거는 용기가 필요합니다. 다음으로 그 사람에게 도움을 받기 위해 적극적이고 호의적인 태도를 보여야 합니다. 이런 상황이 계속 반복되다 보면 자기도 모르게 타인과 관계 맺는 요령을 터득하게 됩니다.

여행 중에 경험하는 관계는 학교나 학원에서처럼 머물러 있는 관계가 아니라, 물 흐르듯 스쳐 지나가며 만나는 관계가 많습니다. 이 과정에서 다양한 사람과 다양한 상황 속에서 소통하는 방법을 익힐 수 있지요. 상점 주인과의 흥정, 기차에서 만난 누군가와의 대화, 길을 가르쳐 준 이름 모를 고마운 사람과의 만남, 숙소에서 함께한 어떤 여행자와의 노닥거림, 난생처음 보는 외국인과의 인사 등 정말 다양한 상황에서 다양한 사람을 만나 소통하고 배웁니다.

여기에 보너스로 자신감도 얻을 수 있습니다. 다양한 사람들과 만남을 이루어낸 자신의 모습을 통해 타인과의 관계에 자신감을 얻는 거지요. 이 자신감은 새로운 관계를 이전보다 더 쉽게 더 빨리 맺도록 도와주고, 또 다른 자신감을 만들어냅니다. 처음에 자신감이 자리 잡는 게 힘들지, 이후엔 핵분열과 같이 기하급수적으로 속도가 빨라집니다. 그러니 다른 사람과 관계를 맺는 법, 즉 더불어 사는 법을 배우는 것도 이

만한 속성 교육이 따로 없는 거지요.

다만 이 성과는 바로 눈에 보이지 않습니다. 그리고 자신감을 얻는다는 건 개인별로 차이가 있어 일괄적으로 말하기 어렵습니다. 하지만 성과가 당장 눈에 보이지 않고 각자 다르게 받아들인다고 해서 무의미하다고 할 순 없습니다. 성과를 강조하고 모두에게 적용되길 바라는 것은 오늘날 교육이 빠져 있는 함정이지요. 이 함정을 뛰어넘는다면 무엇이 정말 중요한 교육인지 굳이 말하지 않아도 느낄 수 있으리라 믿습니다. 우리 아이가 세상과 만나 더불어 사는 법을 체득할 수 있게 해야 합니다. 이것이 곧 아이의 행복과 연결되고, 그 무엇보다 값진 교육이 될 것입니다.

아이의 사회성을 길러주는 '인사하기'

더불어 살기 참 어려운 시대입니다. 점점 더 세상이 각박해지고 다른 사람 일엔 무관심해집니다. 그렇게 사는 게 편하기도 합니다. '너는 너고 나는 나. 우리 이 선을 넘지 말자'고 굳게 다짐하니 번거롭지도 않고 깔끔합니다. 그런데 가만히 생각해보면 그럴 바엔 서로 최대한 흩어져 사는 게 좋지 않을까요? 왜 굳이 비 좁은 아파트에 모여 살까요? 비좁은 버스를 타고 비좁은 회사로 출근할까요? 알게 모르게 우린 서로에게 기대며 살고 있습니다. 나도 모르게 도움받고 있고, 누구에게 도움을 주며 살고 있지요. 하지만 흉악한 범죄가 일어나고 별의 별 일이 다 일어나다 보니 낯선 사람이 두렵습니다.

혹시 엘리베이터에서 이웃을 만나면 인사하시나요? 저도 잘하지 못했는데 요즘은 노력 중입니다. 가끔 먼저 인사해주는 사람이 있으면 분위기가 좀 편해집니다. 몇 마디 주고받으면 기분도 좋아지고요.

아이에게 더불어 사는 법을 가르치고 싶다면 '인사하기'를 꼭 가르쳐야 합니다. 인사 잘하는 아이는 어디서든 귀여움을 받지요. 흔히 인사를 두고 인간관계의 시작과 끝이라고 합니다. 가족끼리 서로 인사를 잘하는 분위기를 만들면 아이의 인간관계에 큰 도움이 될 겁니다.

낯선 것이 두려울수록
낯선 것을 찾아다녀야 한다

낯선 것이 두려울수록 낯선 것을 찾아다녀야 한다? 왜 그래야 할까
요? 낯선 것을 통해 우리는 생각보다 훨씬 더 많은 것을 느낄 수 있습니
다. 고인 물처럼 일상에만 머물러서는 새로운 것을 느끼고 생각하기 어
렵지요. 시냇물과 강물이 바다를 향해 내달리듯 세상을 여행하며 낯선
것과 부딪힐 때 비로소 더 큰 생각에 닿을 수 있습니다. 한편 낯선 것은
우리에게 두려움을 가져다줍니다. 낯선 것을 두려워하는 이유는 낯선
것에 대한 경험이 없거나 부족하기 때문입니다. 낯선 것을 많이 접해본
사람은 망설이지 않고 용기를 냅니다.

"용기 내서 해보니 별거 아니더라?"

이렇게 말하는 사람은 낯선 사람을 만나거나 새로운 체험을 두려워
하기보다는 오히려 즐깁니다. 고기도 먹어본 사람이 맛을 안다고 하죠?

용기도 많이 내본 사람이 그 쾌감을 잘 압니다. 낯선 것이 두려울 때 우리는 어찌해야 할까요? 당연히 낯선 것들을 찾아다녀야 합니다. 용기 내어 낯선 것과 마주하는 경험을 쌓아야 합니다.

여행은 낯설음을 찾아가는 과정입니다. 우리 주변의 익숙한 환경에서 벗어나 새로운 환경을 찾아 나서면 필연적으로 낯선 것들과 마주하게 됩니다. 용기 내어 문제를 해결할 수밖에 없는 상황을 만들어줍니다.

내 아이가 낯선 것을 두려워하는 소극적인 아이라면? 여행을 떠나세요. 우리 아이는 너무 적극적이라 탈이라면? 역시 여행을 떠나야 합니다. '너무 적극적이다'라는 건 용기를 내서 실패하기보다는 성공을 자주 경험했다는 의미입니다. 하지만 실패도 중요한 경험입니다. 실패의 경험이 없으면 과한 자신감으로 촐랑대기 마련이지요. 여행으로 '낯선 것을 대하는 균형 잡힌 자세'를 가르쳐주세요. 이제 내 아이를 낯선 것으로부터 보호하기보다는 그 낯선 것과 친해질 수 있도록 응원해줘야 할 때입니다.

소극적인 아이를 둔 부모에게

부모들을 만나 상담해보면 뜻밖에 아이가 너무 소극적이라 고민이라는 분들이 꽤 많습니다. 소극적인 정도가 심해 다른 아이들과 거의 어울리지 못하는 경우도 있지요. 아이의 성격이 형성되는 시기는 태어나고부터 36개월까지라고 합니다. 그 기간에 보고 듣고 느낀 것이 본래의 기질과 더해져서 성격이 됩니다. 소극적인 아이는 대체로 이 시기에 집에만 있었거나 부모와만 관계를 맺은 경우가 많습니다. 또래 친구나 형제가 있다면 좀 덜합니다. 그런데 혼자 이 시기를 보내면 관계를 맺는 데 어려움을 겪기도 합니다. 이게 성격으로 굳어지면 바꾸기가 쉽지 않지요.

이럴 땐 아이를 잘 연구해봐야 합니다. 성격 자체를 뜯어고치기보다 자신감을 심어준다는 생각으로 아이에게 기회를 주는 게 좋습니다. 그러면 어떤 아이는 자신감을 가지면서 동시에 성격도 달라집니다. 본래의 기질이 드러납니다. 그런데 어떤 아이는 아무리 자신감을 가져도 성격은 그대로입니다. 그런 아이는 본래부터 소극적인 성격입니다. 다른 말로 신중한 성격입니다. 뜯어고칠 필요가 없습니다. 그 아이에겐 그게 더 자연스럽고 편하니까요.

어떤 성격이든 자신감을 가질 필요가 있습니다. 성격마다 자신감을 표현하는 방법이 다르니 그걸 잘 이해하고 아이를 눈여겨보세요. 아이의 자신감을 길러주는 방법에 관해선 다음 책을 참고하면 좋습니다.

· 가토 다이조, 《격려 속에서 자란 아이가 자신감을 배운다》, 열린책들
· 엘리사 메더스, 《자신감 있는 아이는 엄마의 대화습관이 만든다》, 팜파스

여행이
아이를 바꾼다

　옛날 인도의 한 마을에 '라비'라는 아이가 살았습니다. 라비는 14남매라는 어마어마한 대가족의 막내로 태어났지요. 라비의 집은 부유했지만 부모님은 항상 여러 가지 일로 바빴습니다. 그래서 다섯째 형과 형수가 라비의 부모님 노릇을 대신 해주기도 했습니다. 라비는 7살 때 학교에 들어갔는데 선생님은 늘 짜증을 내거나 신경질적이었습니다. 게다가 친구들까지 라비를 이해해주기는커녕 비웃거나 따돌리기 일쑤였지요. 소위 말해 '왕따'를 당했으니 학교에 갈 맛이 날까요? 그렇게 라비는 학교 생활에 적응하지 못했습니다.

　라비의 선생님은 생활기록부에 "라비의 부모님은 학교에 계속 보내려고 했지만, 라비는 모든 속임수를 써서 도망치려 애썼다"고 기록했습니다. 결국 라비는 유급을 거듭하다가 학교를 그만두었죠. 대신 집에서 가정교사에게 교육을 받았습니다.

그러던 어느 날 라비는 12살이 되던 해에 성인식을 치르고 아버지와 함께 여행을 떠나게 됩니다. 당시 인도는 성인식을 마치면 여행을 하는 게 관례였습니다. 여행 장소는 히말라야! 잔뜩 기대한 라비는 신나게 짐을 챙겨 아버지와 함께 여행을 시작했습니다. 지금과 같은 교통수단이 거의 없었기에 여행은 대부분 걸어서 이루어졌지요. 다리가 아프고 힘들기도 했지만 답답했던 학교와 집을 벗어나 자연에서 마음껏 뛰어놀 수 있어 좋았습니다.

아버지는 라비가 여행을 통해 많은 걸 배우길 원했습니다. 상인 집안의 후손답게 경제관념을 가질 수 있도록 라비에게 여행 경비를 맡기고 관리하도록 했지요. 여행 중에도 절대 게으름을 피울 수 없게 아침 일찍 일어나 공부하고 나서 뛰어놀게 했습니다. 오후에는 산책하고 돌아와 영어를 가르쳤고, 히말라야의 차가운 물에 목욕하게 했지요. 밤에는 고전과 종교에 관한 이야기를 들려주었습니다.

라비는 아버지와 점점 가까워졌고, 아버지의 이야기를 들으며 존경하는 마음마저 생겼습니다. 4개월에 걸친 여행에서 많은 것을 경험하고 돌아온 라비는 전혀 다른 아이가 되어 있었습니다. 훗날 어른이 된 라비는 지난 시절을 떠올리며 아버지와의 히말라야 여행이 자신의 인생을 바꾸었다고 이야기했습니다. 그는 아시아 최초의 노벨문학상 수상자 '라빈드라나트 타고르'입니다.

타고르의 아버지는 학교생활에 적응하지 못하고 따돌림을 받던 타고르를 여행으로 교육했습니다. 히말라야 여행을 통해 타고르의 인생은 달라질 수 있었고 아버지와도 가까워졌지요. 히말라야 여행이 타고르만을 낳았을까요?

그들 부자가 여행 중 들렀던 곳 가운데 벵골 서부의 시골 마을인 '산티니케탄'이라는 곳이 있습니다. 타고르는 이곳에 학교를 세워 학생들이 자유롭게 공부할 수 있도록 만들었습니다. 훗날 타고르는 노벨 문학상으로 받은 상금을 전액 학교 운영비용으로 사용했으며 깊은 애정을 쏟았습니다. 더 훗날 '파티바바'라는 이 학교에서 공부한 아이 중에 라만, 찬드라세카르, 아마르티아 센 등은 노벨상을 받았고, 인디라 간디는 인도 최초의 여성 총리가 되었습니다. 타고르의 여행은 타고르 자신뿐만 아니라 수많은 사람에게 영향을 미쳤고, 그들이 성장하는 데 중요한 밑바탕이 되었습니다.

여행은 아이를 어떻게 바꾸는가?

저와 함께 여행했던 아이들 가운데 달라진 모습을 보여주었던 아이들의 이야기를 해보려 합니다. 정확히 언제인지는 기억나지 않지만, 첫 여행부터 유난히 시끌벅적했던 아이들이었습니다. 초등학교 3학년이었는데 여자아이 5명, 남자아이 5명으로 함께 여행하기 좋은 황금비율이었습니다.

아이들을 만나고 차에 타서 여행을 떠나는 첫 시작은 언제나 그렇듯 즐거운 분위기였지요. 저를 처음 본 아이들은 역시 질문 공세로 시작했고, 별명을 짓는 단계로 넘어가더니 얼마나 착한 선생님인지 확인하는 순서를 밟아나갔습니다. 이후에 시간이 지나니 자기들끼리 열심히 놀기 시작했습니다. 그리고 5분쯤 흘렀을까요? 남자아이 한 명과 여자아이 한 명이 다투기 시작했습니다. 정말 사소한 이유로. 차 안에서 남자아이가 의자 등받이를 뒤로 젖히자 뒤에 있던 여자아이의 자리가 좁아져 등받이를 원래대로 해달라고 했지요.

"뭔데? 의자 좀 똑바로 해라!"
"싫다! 나도 편하게 갈 수 있는 권리가 있다."
"너 때문에 내가 불편하잖아!"
"그건 내 알 바 아니고."
"진짜 똑바로 안 할래?"
"어."
"선생님. 애 봐요. 의자 똑바로 안 해요."

아이들 여럿이 차를 타고 여행하는 상황에서 자주 일어나는 일입니다.

누구의 잘못일까요? 누구의 잘못도 아닙니다. 둘 다 편하게 갈 방법을 연구하거나, 서로 양보하면 평화롭게 해결될 문제입니다. 그러나 이이들은 곧 재판을 시작합니다. 도대체 누구의 잘못인가를 두고 각자의 발언이 이어졌습니다. 그 과정에서 상대방에 대한 비난이 시작되었습니다. 결국 다른 아이들까지 참전하면서 남자아이들과 여자아이들의 다툼으로 이어졌지요. 이렇게 시작된 남녀 간의 전쟁은 가는 길에 들린 휴게소에서도, 여행지에 도착해서도, 점심을 먹는 중에도 계속 벌어졌습니다. 만약 여러분이 동행했다면 '어쩌면 저렇게 꾸준하게 다 같이 싸울까?' 하고 지칠 줄 모르는 아이들의 체력에 감탄할 수밖에 없었을 겁니다.

아이들의 엄마가 함께 왔다면 어땠을까요? 사이좋게 지내지 않고 다투는 아이들의 모습에 분노해 특별한 조치가 시작됐을지 모릅니다. 그러나 이 순간에 어른이 끼어들어 직접 다툼을 해결하는 것은 별 도움이 되지 않습니다. 물론 자기들끼리 문제를 해결할 수 없는 어린아이라면 예외겠지요. 예외를 제외하곤 그냥 두는 편이 낫습니다. 당장 문제가 외부의 힘으로 해결되어 겉으론 평화가 유지되더라도 언제 다시 전쟁이 시작될지 모르기 때문입니다. 다음 전쟁이 시작되면 아이들은 스스로 문제를 해결하기보다 어른에게 해결해달라고 매달립니다. 그게 더 편하고 쉬우니까요.

저는 아이들의 전쟁을 그냥 지켜봤습니다. 마냥 내버려둔 건 아닙니다. 제 나름의 규칙을 갖고 아이들을 눈여겨봤습니다. 말다툼하며 싸우는 동안 물리적으로 폭력을 행사하거나 욕을 하는 것은 반칙입니다. 반칙은 용서할 수 없지요. 반칙하는 아이들을 찾아 혼내더라도 싸움은 계속되어야 합니다. 아이들 스스로 그 문제의 해결에 도달할 때까지.

하지만 이 과정을 지켜본다는 게 얼마나 괴로운 일인지는 누구보다 부모들이 잘 알 겁니다. 저 또한 괴로웠고 지금도 괴로운, 당최 적응하기 힘든 어려움입니다. 하지만 그 과정을 거친 아이들이 다음 전쟁에서 훨씬 더 빨리 합의에 도달하는 걸 볼 때면 인내가 보람됐음을 느낍니다.

점심시간에 벌어진 전쟁 이후 휴전이 선언되었습니다. 아이들과 함께 일정을 진행하고 다음 여행지로 가기 위해 차에 타던 중 큰 버스 하나가 우리 옆에 도착했습니다. 어느 산악회에서 온 것 같았는데 어른들이 단체로 버스에서 쏟아져 나왔습니다. 그런데 내리자마자 무슨 일인지 언성을 높이며 싸우기 시작합니다. 아저씨 2명과 아줌마 4명이 남녀로 나뉘어 말다툼하고, 운전기사 아저씨는 그 사이에서 말리고 있었습니다. 나머지 사람들은 못 말리겠다는 표정으로 방관하고 있었지요.

어른들끼리 싸우는 모습이 신기했던지 아이들은 넋이 나가 구경했고, 저도 황당한 얼굴로 그들을 잠시 바라보았습니다. 그러나 다음 일정으로 가야 했기에 분위기를 추스르고 바로 출발했지요. 가는 동안 아이들은 그 싸움 이야기로 화합했습니다. 남자아이들은 흥분한 아저씨의 말투를 괴물처럼 흉내 내며 웃어댔고, 여자아이들은 한심한 어른들이라며 혀를 찼습니다. 그렇게 서로 주거니 받거니 하면서 한참 떠들다가 한 여자아이가 뜻밖의 이야기를 꺼냈습니다.

"근데 우리도 아까 싸울 때 저렇게 싸웠나?"

순간 정적이 흘렀습니다. 5초 정도의 짧은 순간이었지요. 저는 너무 웃기는데 웃을 수 없어서 참느라 어깨를 들썩거리려야 했습니다. 물론 아이들의 진지한 순간이 그리 오래가지는 않았습니다. 찬물을 끼얹은 아이가 분위기 수습에 나섰습니다.

"근데 우리는 다르지. 우리는 애들이고 아까 그 사람들은 어른들이잖아."
"그래. 어른이 모범을 보여야지."

적당한 이유를 찾은 아이들은 다시 아저씨 말투를 흉내 내며 장난치고 떠들어댔습니다. 아까 그 침묵은 도대체 무엇이었을까요? 아이들 스스로 느낀 부끄러움이었을까요? 아니면 그냥 잠시 할 말을 잃었던 걸까요? 어느 쪽인지 확인할 길은 없지만, 그 후로 아이들은 싸움을 오래 지속하지 않았습니다. 다투더라도 말리는 아이들 때문에 금방 끝이 났지요.
이후로 그 아이들과 함께 여행하는 동안 다투는 문제로 힘들었던 적은 거의 없었습니다. 물론 다툼이 줄었다는 게 곧 평화가 찾아왔다는 이야기는 아닙니다. 아이들은 세상살이가 서툴기 때문에 함께 여행하면

늘 좌충우돌합니다. 온갖 일들이 다 벌어집니다. 그러나 그런 경험이 결코 쓸데없거나 하찮은 건 아닙니다. 그 경험이 하나둘씩 모여 아이들을 성장으로 이끌기 때문이지요.

여행으로 아이를 변화시키기 위한 전제조건

여행으로 아이를 변화시킨다는 것이 쉬운 일은 아닙니다. 요즘 아이들은 정말 바쁩니다. 학교에 학원 그리고 학원 또 학원입니다. 이런 상황에서 얼마나 여행을 다닐 수 있을까요? 여행으로 아이를 변화시키기 위해선 몇 가지 전제조건이 필요합니다.

첫째, 한 번에 오랜 기간 여행하거나 짧더라도 정기적으로 꾸준히 여행해야 합니다. 모든 일이 다 그렇지만 특히 아이와의 여행은 충분한 시간을 가져야 합니다. 아이가 체력적으로 문제가 없다면 한 번에 오랜 기간 여행하는 게 좋고, 체력이 약한 아이는 정기적으로 꾸준히 여행하는 편이 낫습니다.

둘째, 아이가 스스로 나설 만큼 여행을 즐겁게 여겨야 합니다. 아무리 시간과 돈을 들여서 여행하더라도 본인이 즐겁지 않다면 말짱 도루묵이지요.

셋째, 여행을 통해 아이에게 전해주고 싶은 교육 철학이 명확해야 합니다. 여행으로 아이를 교육하고 싶다면 어른부터 중심을 잡아야 합니다. 어른이 갈팡질팡하면 아이는 혼란에 빠질 수밖에 없습니다.

넷째, 결과보다는 과정이 중요하다는 사실을 아이와 부모가 함께 이해하고 받아들여야 합니다. 여행의 결과를 너무 강조하면 과정에서 배우는 것들을 쉽게 잊어버리기 때문입니다. 과정을 소중히 여기면 충실한 여행이 되고, 어떤 상황에서도 배울 점을 찾는 자세를 가질 수 있습니다.

사실 결과보다 과정이 중요하다는 건 뻔한 이야기지요. 하지만 그 뻔한 사실을 실제 생활에 적용하기는 매우 어렵습니다. 잊지 마세요. 우리는 올림픽에서 금메달, 은메달, 동메달을 따야 하는 운동선수가 아닙니다. 과정이 중요함을 잊지 않는다면 어떤 식으로 여행해야 할지 당장 답이 나옵니다.

아이와 여행하기 위한 마스터플랜

'마스터플랜'이란 말 들어보셨죠? 우리말로는 '기본 계획' 정도로 해석할 수 있습니다. 흔히 "무슨 정책을 수립하기 위한 마스터플랜을 세웠다"고 이야기하곤 하는데, 이때 마스터플랜은 구체적인 계획이라기보다는 장기적인 안목으로 세운 대략적인 개요입니다.

아이와 여행할 때도 마스터플랜을 세워두는 게 좋습니다. 요즘처럼 바쁜 시대에 타고르의 아버지처럼 4개월씩 아이와 여행하는 건 어렵겠지요. 다들 주말이나 휴가 기간을 이용해 잠깐씩 여행을 갑니다. 그러다 보니 그때마다 상황에 맞춰 놀러가는 여행이 되곤 합니다. 하지만 여행을 위한 마스터플랜을 세워두면 잠깐씩 가는 여행도 일관성 있게 다녀올 수 있습니다. 제가 추천하는 마스터플랜은 이렇습니다.

나이	여행의 목표	장소	여행 방법
1~3세	사람을 만나는 여행	여행이라고 하기 민망할 정도로 가까운 곳으로. 마음만은 여행 가는 기분으로. 이웃집, 친척집, 친구집, 가까운 공원, 마트나 백화점, 카페, 식당	아이를 데리고 주변 사람들을 만나러 간다. 또래 아이를 키우는 사람을 만나보자.
4~8세	용기를 배우는 여행	사는 지역에서 가까운 곳으로. 흥미로운 이야기가 있는 곳으로. 자연과 가까운 곳으로. 어린이 박물관, 전통시장, 동물원, 식물원, 잔디밭 있는 공원, 숲, 계곡, 캠핑장	본격적인 여행의 시작. 부담 없는 곳으로 가서 놀이를 하거나 신기한 것들을 찾아다녀보자.

9~14세	의미를 찾아나서는 여행	역사와 문화를 배울 수 있는 곳으로. 체험거리가 있는 곳으로. 역사박물관, 각종 테마박물관 및 체험관, 축제장, 궁궐, 유적지, 놀이공원, 전통마을	주제를 하나 정해 미리 조사해보고 떠나자. 배우기도 하고 놀기도 하면서 여행의 균형을 맞추자.
15세~19세	인생을 고민하는 여행	진로에 대해 생각할 수 있는 곳으로. 인생을 고민할 수 있는 곳으로. 새로운 문화를 경험하는 곳으로. 직업 체험관, 대학교, 문학관, 미술관, 예술 거리, 예술 공연장, 가까운 해외(일본, 중국, 대만, 동남아 등)	여행의 많은 부분을 아이가 스스로 해낼 수 있게 도와주자. 생각할 만한 거리가 있다면 자연스레 질문해보는 것도 좋다.
20세 이후	스스로 도전하는 여행	스스로 선택한 곳으로. 도전거리가 있는 곳으로. 시야를 넓힐 수 있는 곳으로. 국내 어디든, 해외 어디든(유럽, 미국, 호주 등)	모든 것을 스스로 하게 한다. 부모는 부모의 여행을 즐기자.

여행 원칙
가까운 곳에서 먼 곳으로, 쉬운 여행에서 어려운 여행으로. 즐겁게. 웃으며.

걷기 여행으로 교육하다

산티아고 순례 길에 세계 여행자들이 모여드는 이유는 무엇일까요? 제주 올레길을 너도나도 걷는 이유는 무엇일까요? 기차나 자동차, 항공기 같은 탈 것으로 여행할 때는 경험할 수 없는 '걷기 여행'의 매력을 느끼기 위해서입니다.

《나는 걷는다》의 저자인 베르나르 올리비에는 은퇴 후 혼자서 이스탄불과 중국 시안을 잇는 1만 2,000km의 실크로드를 1099일 동안 걸었습니다. 그의 여행은 정말 대단했습니다. 당시 그의 나이는 61세. 차를 공짜로 태워주겠다는 사람들의 제안도 거절하고 오직 걸어서 여행했습니다.

그는 그 길에서 1만 5,000명이나 되는 사람들을 만났고, 테러리스트로 의심받아 군인들에게 끌려가기도 했습니다. 병에 걸리는 바람에 그동안 걸어왔던 길을 2,000km나 구급차에 실려 되돌아오는가 하면, 52℃에 달하는 고비사막을 하루에 68km나 걷기도 했습니다. 그렇게 4년을 걸어서 여행하며 겪었던 경험을 기록해낸 책이 《나는 걷는다》입니다. 이 책은 프랑스에서만 40만 부가 팔렸고 9개 나라에서 번역 출판되었습니다.

베르나르 올리비에는 책의 수익금으로 쇠이유(seuil, 프랑스어로 문턱이라는 뜻) 라는 단체를 설립했습니다. 이 단체는 우리가 흔히 '비행 청소년'이라고 부르는 청소 년들의 사회 복귀를 유도하는 단체입니다. 도대체 어떤 방법으로? 바로 걷기 여행을 통해서 그들을 교육합니다.

쇠이유는 소년원에 수감된 청소년을 대상으로 프랑스어가 통하지 않는 다른 나라 에서 3개월 동안 하루 평균 17km씩 총 1,600km 정도 걷게 하는 여행 프로그램을 진행합니다. 이 여행은 소년원 수감 청소년 1명과 자원봉사자 어른 1명이 동행하도 록 합니다. 여행에 참여한 청소년들은 제한된 돈을 써야 하며, 휴대전화는 쓸 수 없 고, MP3 플레이어도 사용할 수 없습니다.

걷기 여행을 마치면 청소년을 집으로 돌려보내는데, 일종의 석방인 셈입니다. 일 반 소년원에서 수감 생활을 마친 청소년 가운데 85%가 다시 범죄를 저지르지만, 쇠 이유 프로그램에 참여한 청소년들이 다시 범죄를 저지르는 비율은 15%에 불과하다 고 합니다. 걷기 여행은 청소년들을 치유하는 데 확실한 효과가 있습니다.

우리나라에도 교육을 걷기 여행으로 하려는 사람들이 있습니다. 최효찬의 《아들 을 위한 성장여행》에는 꾸준히 걷기 여행으로 아들을 교육했던 저자의 경험이 녹아 있습니다. 최효찬은 아들을 데리고 5년 동안 방학을 활용해 10번의 걷기 여행을 했 습니다. 지리산 둘레길, 문경새재, 제주 올레길, 강릉 바우길 등 우리나라 곳곳을 돌 아다녔으며, 그동안 여행하며 걸었던 거리는 1,000km나 됩니다. 이 책은 여행기 를 소개하는 일반적인 여행 책들과는 달리 걷기 여행이 아들의 성장에 미친 긍정적인 영향과 걷기 여행을 활용한 교육 방법을 소개하고 있습니다.

매주 아이들과 여행을 떠나는 저도 이 책을 읽으면서 공감하는 부분이 많았습니 다. 그저 '여행을 하면 뭔가 도움이 될 것이다'라는 막연함에서 벗어나 구체적인 사례 를 들어 설명해줍니다. 그의 이야기에는 아이와 걷기 여행을 꿈꾸는 부모에게 믿음과 확신을 안겨줄 만한 힘이 담겨 있습니다. 책의 부록으로는 아들이 쓴 여행기를 수록 해두었지요. 걷기 여행 이야기를 구체적이고 솔직하게 담은 인상적인 여행기입니다.

아이와
함께하는
여행의
여섯 가지
원칙

여행 준비
핑계가 가장 큰 적이다

여행을 떠나려면 무엇부터 해야 할까요? 역시 가장 먼저 해야 할 일은 '마음먹기'입니다. 대부분의 일이 그렇듯이 하고자 하는 마음이 있어야 시작됩니다. 여러분은 정말 여행을 떠나고 싶은가요? 떠나고 싶다면 왜 여행을 떠나려 하죠? 그것도 아이와 함께 가려는 이유는 무엇인가요?

자신이 정한 여행의 목적이 분명하면 여행을 가고자 하는 의지도 강해집니다. 하지만 목적이 불분명하고 가도 그만 안 가도 그만이라면 여행은 내가 하는 일 가운데 가장 후순위로 밀릴 수밖에 없습니다. 우리 마음속에 여행은 모든 일을 다 끝마치고 마지막에 할 수 있는 여가 활동 정도로 새겨져 있기 때문이지요.

여행을 가야겠다고 생각하는 그 순간 여행의 이유와 목적을 구체화해보세요. 이유와 목적이 얼마나 구체적이냐에 따라 마음먹기의 강도가 달라집니다. '나는 이번 여름에 여행 갈 거야' 하고 막연히 생각한다면 여행 갈 확률은 매우 낮습니다. 반면 '이번 여름휴가 땐 가족과 일본으로 꼭 여행을 가야겠어! 평소에 가고 싶었던 나라이기도 하고, 그동안 가족여행 한번 제대로 못 했으니 올해는 꼭 갔다 와야지! 애들도 이제 곧 중학생이니 일본 문화를 체험하면 분명히 좋아할 거야' 하고 구체적으로 마음먹는다면 여행 갈 확률이 높아집니다.

많은 사람들이 "여행 가고 싶다!"고 외칩니다. 그런데 실제로 여행을 떠나는 경우는 생각보다 적습니다. 한 인터넷 사이트에서 1,165명을 대상으로 실시한 설문조사에 따르면 마음은 먹지만 실제로 여행을 떠나는 횟수는 '1년에 한두 번'에 그친다는 답변이 35%로 가장 많았습니다. 다음으로 '1년에 서너 번'이 22%였고, '여행을 못 간다'는 답변도 18%나 되었습니다. '5번 이상'은 5%에 불과했지요.

실제로 여행을 떠나지 못한 이유에 대해서는 '시간 부족'이 47%로 가장 많았고, '자금 부족'이 41%로 뒤를 이었습니다. '함께 갈 사람이 없어서'가 8%, '피곤해서'가 2%를 차지했습니다. 정말 그렇죠? 우리는 대부분 시간과 돈이 부족해서 여행을 가지 못합니다.

하지만 이에 대해서 한번 생각해볼 필요가 있습니다. 우리는 정말 시간이 부족한 걸까요? 시간은 누구에게나 똑같이 주어집니다. 우리가 흔히 시간이 없다고 이야기하는 것은 꼭 해야 할 일들을 하고 나서 '남는 시간'이 없다는 말입니다. 게다가 여행은 하루 이틀은 기본이요, 때로는 며칠씩 시간을 비워야 하니 그만한 시간을 낸다는 게 쉽지 않습니다. 그러나 이것은 여행이 꼭 필요한 일이 아니라는 생각이 낳은 결과입니다. 여행이 꼭 필요하다면 어떤 식으로든 일정을 조정해서 떠나겠지요.

돈도 마찬가지입니다. 지금 내가 여행을 반드시 가야 한다고 생각하면 빚을 내서라도 여행을 떠납니다. 대부분 그렇게까지 하지 않는 이유는 그 정도로 무리해서 여행을 갈 필요는 없다고 여기기 때문이지요. 결국 시간과 돈이 부족하다는 것은 상대적입니다. 이번 여행이 다른 것과 비교해볼 때 얼마나 중요한가에 달려 있습니다. 법정 스님이 쓴 《버리고 떠나기》에는 이런 내용이 나옵니다.

미련 없이 자신을 떨치고 때가 되면 푸르게 잎을 틔우는 나무를 보라. 찌들고 퇴색해가는 삶에서 뛰쳐나오려면 그런 결단과 용기가 있어야 한다.

시간과 돈이 부족하다는 말은 우리가 가장 흔히 대는 핑계입니다. 운동을 생각해봅시다. 건강해지려면 꾸준히 운동을 해야 하는데 흔히 '나는 도무지 운동할 시간이 없다'고 핑계를 댑니다. 또는 '운동하려면 제대로 해야 하는데 요즘 헬스장은 너무 비싸서 갈 엄두가 안 난다'고 하지요. 물론 어떤 이는 핑계가 아니고 현실이지 않으냐고 항변할 수도 있습니다.

하지만 건강관리를 소홀히 하다가 나이 들어 큰 병에 걸려본 사람은 압니다. 그 모든 것이 핑계였다는 사실을. 건강을 잃어본 사람은 누가 시키지 않아도 적극적으로 운동합니다. 어떠한 경우에도 운동하는 시간은 남겨두고 돈이 없어도 할 수 있는 운동을 찾아 나섭니다. 만약 헬스장에 꼭 가야 한다면 아무리 비싸더라도 비용을 지불합니다.

여행도 시간과 돈 때문에 계속 미루고 미루다 보면 결국 은퇴하고 퇴직금 받을 나이가 되어서야 겨우 조건이 충족됩니다. 그때가 되어 운이 좋으면 시간과 돈에 여유가 있겠지요. 그리고는 여행지에서 이렇게 말합니다.

"이 좋은 데를 왜 이제 와봤을까?"
"이제 이런 좋은 풍경 볼 날도 얼마 남지 않았구나."
"진작 이런 경험을 해봤으면 내 인생이 좀 달라졌을 텐데."

후회 섞인 푸념을 하고 나면 쓸쓸함만 남을 뿐입니다. 냉정하게 이야기하면 이런 푸념 또한 핑계일 뿐입니다. 핑계가 많은 사람들은 다음 이야기에 귀 기울여봅시다.

미국 켄터키 주 국도 주변에서 작은 주유소를 운영하던 커넬은 주유소 건너편에 닭튀김 요리를 파는 식당을 차렸습니다. 자신만의 비법으로 개발한 커넬의 닭튀김 요리는 입소문이 나면서 많은 사람들이 찾게 되었고 식당도 유명해졌습니다. 그러나 식당에 불이 나고 주변에 고속도로가 생기면서 손님이 끊겼고, 경세 불황으로 식딩이 경매에 넘어가면서 그는 파산하고 맙니다. 이때 그의 나이 65세. 할아버지가 된 그에게 남은 건 국가에서 받은 사회보장기금 105달러가 전부였습니다.

그러나 그는 나이가 많다는 걸 핑계로 삼지 않았습니다. 자신의 닭튀김 요리 레시피를 들고 전국을 돌며 레시피를 사겠다는 식당을 찾아다녔지요. 2년 동안 1009번이나 거절당했지만 포기하지 않고 마침내 68세에 1010번째 찾아간 식당에서 첫 계약을 성공시켰습니다. 이후 그의 레시피를 사겠다는 식당은 점점 늘어났고 미국에서 가장 큰 패스트푸드 회사로 성장했습니다. 그가 바로 오늘날 100개국 1만 3,000개의 매장을 보유한 KFC 창업자 커널 샌더스입니다.

65세 할아버지도 나이를 핑계 대지 않고 인생역전에 성공했습니다. 물론 여러분에게 인생역전을 주문하는 것은 아닙니다. 뭔가를 해내기 위해선 최소한 핑계 대지 않는 자세가 필요하다는 것이지요. 오늘은 이래서 안 되고 내일은 저래서 안 된다는 핑계는 이제 그만 대고 정말 여행을 가고 싶다면 지금이라도 당장 떠나야 합니다.

눈을 감고 상상해봅시다. 아이와 함께 여행하는 모습을. 멋진 곳을 배경으로 사진도 찍고 좌충우돌 재미있는 일들이 벌어집니다. 맛있는 것도 먹고 여행지에서 만난 누군가와 대화도 합니다. 그 행복한 풍경은 상상이 아니라 마음만 먹으면 언제든지 이룰 수 있습니다.

지금 당장 실행한다고 생각해보세요. 그러면 하나둘씩 현실적인 핑계가 떠오를 겁니다. 그 핑계는 하나같이 정말 중요해 보입니다. 냉정하게 생각해봅시다. 너무 중요해서 그것을 하지 않으면 살아갈 수 없는 것들, 하지 않으면 큰일 나는 것들은 어쩔 수 없습니다. 살아야 하니 최소한 그것들은 남겨둡시다. 대신 하면 좋은데 안 해도 관계없는 건 무조건 뒤로 미룹니다. 해야 하지만 조정 가능한 것도 뒤로 미룹니다. 할지 안 할지 확실히 정하지 않은 것도 당연히 뒤로 미룹니다. 일상에서 이런 것들만 잘 구분해내면 분명히 여행을 떠날 수 있습니다.

오늘날 보란 듯이 서점에 진열되어 있는 수많은 여행기의 주인공들도 저마다의 사정이 있었을 테고 떠나지 못할 핑곗거리도 충분했을 겁니다. 하지만 그들은 핑계 대지 않았고 과감히 떠났습니다. 그리고 돌아와 그들의 재미난 여행 이야기를 세상에 내보였지요. 여러분도 충분히 할 수 있습니다. 이제 과감히 아이 손을 잡고 떠날 때입니다. 바로 지금!

핑계 탈출 넘버원!

핑계에서 벗어나는 가장 확실한 방법 두 가지가 있습니다. 첫 번째는 일단 저지르고 보는 겁니다. 마음이 내킬 때 앞뒤 가리지 말고 그냥 떠나는 거지요. 무작정 떠난다고 세상이 무너지거나 인생이 끝장나는 건 절대 아닙니다. 자꾸 손익 계산기를 두드리려고 하면 핑계만 늡니다. 과감하게 포기하세요. 그럼 과감하게 떠나게 됩니다.

두 번째는 선언하는 겁니다. 여행 가기로 마음먹었다면 최대한 많은 사람에게 그 사실을 알리세요. SNS에 올려도 좋고, 지인을 만났을 때 이야기해도 좋습니다. 자신 있게 선언하세요. 몇 월 며칠에 나 어디로 간다고 말이죠. 그럼 다른 사람들 때문이라도 여행을 가게 됩니다. 이건 여행뿐만 아니라 모든 결심에 해당됩니다. 어떤 결심을 했다면 많은 사람에게 알리세요. 그리고 그들을 실망시키지 마세요. 허풍쟁이보단 과감한 여행자가 더 낫겠죠?

워밍업
내 아이에게 맞는 여행은
어떤 여행일까?

미국 배낭여행 중에 있었던 일입니다. 아이들과 배낭여행을 시작한
지 5일째 되는 날, 뉴욕에 있는 미술관 모마(MOMA)에 도착했습니다.
보통 모둠별로 따로 이동하다 보니 도착 시간도 모둠마다 다를 수밖에
없었지요. 먼저 도착해 로비에서 다른 모둠을 기다리고 있었습니다.

잠시 후 미술관 문이 열리고 한국인으로 보이는 엄마와 아들이 안으
로 들어오더군요. 유치원생 정도로 보이는 아이는 들어가기 싫다며 떼
를 쓰고 있었습니다. 엄마는 아들을 질질 끌다시피 했습니다. 결국 아들
은 큰 소리로 울기 시작했고 주변 사람들의 이목이 집중되었지요. 다급
해진 엄마는 아들을 달래기 시작했지만 좀처럼 울음을 그치지 않았습
니다. 할 수 없이 아이를 데리고 밖으로 나갔습니다. 10분쯤 뒤에 엄마
는 얼굴에 불만이 가득한 아들과 함께 다시 들어와 관람을 시작했습니

다. 5분쯤 지났을까요? 드디어 기다리던 다른 모둠이 도착했습니다. 인원 확인 후 바로 미술관을 돌아보았지요.

그런데 다 보고 나오는 길에 아까 봤던 엄마와 아들이 서 있었습니다. 아이 엄마는 잠시 머뭇거리더니 저에게 다가왔고 "한국 어디에서 오셨어요?", "애들은 몇 살인가요?", "어떤 단체에서 왔나요?" 하고 쉴 새 없이 질문했습니다. 덕분에 저도 대답한다고 바빴지요. 아이 엄마는 혹시 명함 있으면 좀 달라고 하고는 아들과의 여행이 얼마나 힘들었는지 하소연하기 시작했습니다.

이제 6살인 아들은 집에선 얌전하고 말 잘 듣는 아이였습니다. 그런데 여행을 오고부터는 조금만 힘들면 울어댔다고 합니다. 엄마가 가려고 하는 곳마다 가기 싫다고 떼를 썼다네요. 타고 온 비행기 값이 아까워 꾸역꾸역 여행하고 있지만, 다음부턴 절대로 아이와 함께 여행하지 않겠다고 열변을 토했습니다. 얼마나 힘들었으면 그날 처음 본 저에게 그리 애타게 하소연했을까요.

그 이야기를 하는 동안 비협조적이라던 울보 아들은 우리 중학생 아이들과 함께 놀고 있었습니다. 그런데 아까와는 완전히 다른 표정으로 재미있게 놀더군요. 귀엽다고 놀아주는 형과 누나들 때문인지, 아니면 엄마의 그늘에서 잠시 벗어나서인지 모르겠지만 어쨌든 잠시나마 즐거워 보였습니다. 이야기를 마치고 돌아가는 엄마와 아들의 얼굴은 다시 어두워졌지만요.

여행을 하다 보면 갈등이란 언제든 생길 수 있습니다. 하지만 이런 경우처럼 아이의 나이를 고려하지 않고 무리한 여행을 시작하면 꽤 큰 어려움을 겪습니다. 아이의 성향에 따라 다르긴 하지만 대체로 너무 어린아이를 데리고 해외로 나서는 건 무리입니다.

보통 이런 경우는 엄마가 해외여행을 가고 싶은데, 아이를 어찌할 수 없어 데리고 떠나는 상황이 많습니다. 아이와 '함께' 여행하는 게 아니라 마지못해 생긴 혹처럼 '달고' 여행하는 겁니다. '내가 고생은 하겠지만 아이에게 교육적으로도 도움이 될 거야!' 하는 막연한 생각도 합니다. 물론 그렇게 해서 엄마와 아이 모두 즐겁고 행복하게 다녀온다면 아무 문제 없습니다. 다행스러운 일이지요. 그러나 대부분 엄마는 엄마대로, 아이는 아이대로 힘들고 어려운 상황에 직면합니다.

아이가 유아이거나 유치원에 다니는 나이일 때는 아직 엄마에게 많이 의존적입니다. 엄마의 행동이나 심리 상태가 아이에게도 큰 영향을 미치지요. 엄마가 울면 아이도 울고, 엄마가 웃으면 아이도 웃습니다. 그런데 해외여행은 주로 장거리를 이동하기 때문에 몸이 피곤합니다. 게다가 온갖 변수와 위험 요소가 많으니 정신적으로도 예민한 상태가 되지요.

엄마가 피곤하고 예민한 상태가 되면 아이도 그 상태를 그대로 이어받습니다. 엄마와 아이 둘 다 피곤하고 예민해집니다. 그 가운데 상대적으로 스트레스에 약한 건 아이겠죠? 아이는 울거나 떼를 쓰면서 괴로워

할 수밖에 없습니다. 엄마는 이것 때문에 더 큰 스트레스를 받고 순식간에 여행은 고행으로 바뀝니다.

학교 가기 전 어린아이와는 이렇게

아이가 유아일 땐 엄마 품속에서 자라지요? 좀 더 크면 유치원에 다니다 초등학교, 중학교, 고등학교에 진학합니다. 여행도 나이에 따라 적합한 방식이 있습니다. 어릴 때 무리한 여행을 하거나, 다 커서 너무 쉬운 여행을 하는 건 유아가 고등학교에 다니고 고등학생이 유치원에 가는 것과 같습니다. 그럼 어린아이에게는 어떤 여행이 좋을까요? 저와 함께 여행하는 초등학생들의 이야기를 들어보면 유치원 다닐 때 가족과 이미 많은 곳을 가봤다고 합니다.

"있잖아요~ 선생님~ 유치원 때 엄마 아빠랑 제주도 갔는데요."
"있잖아요~ 선생님~ 옛날에 엄마가 저하고 방콕 갔었대요."
"있잖아요~ 선생님~ 유치원 때 우리 가족 다 일본 갔는데요."

뭐가 계속 있다던 이 아이는 참 많이도 다녔지요. 벌써 제주도, 방콕, 일본을 갔다 왔으니 말이에요. 그런데 어디 어디에 갔는지 자세히 물어보면 대부분 어떤 나라나 도시에 갔다는 것 정도만 기억합니다. 구체적인 장소 같은 건 잘 모른다고 대답합니다. 대신 뭐 하고 놀았는지, 어떤 인상 깊은 일이 있었는지는 입에 거품을 물고 설명합니다.

"있잖아요"를 연발하는 그 이야기를 들어보니 제주도 리조트에서 물놀이하고, 방콕 리조트에서 물놀이하고, 일본 리조트에서 물놀이한 내용이었습니다. 리조트에서 물놀이하는 건 굳이 해외가 아니라 국내에서도 충분히 할 수 있습니다. 어린아이일수록 어느 곳에 가느냐는 별로 중요하지 않습니다. 어디에 갔느냐보다는 무엇을 했느냐가 훨씬 더 중요합니다. 어디에 갔는지 잘 몰라도 뭐가 재미있었고 어떤 일이 즐거웠는지는 잘 기억해냅니다. 물론 그렇다고 아무 데나 갈 순 없겠지요.

어린아이와는 가깝고 부담 없는 곳으로 여행을 떠나세요. 될 수 있으면 자연 속에서 뛰어놀 수 있는 데로 가면 좋습니다. 가까운 캠핑장이든 계곡이든 자연 속에서 놀 수 있는 곳이 최고지요. 아이에게 자연만큼 훌륭한 놀이터는 없습니다. 자연 속에서 꾸준히 뛰어놀면 아토피 같은 병도 자연스레 낫습니다. 자연과 친해지면 몸과 마음이 건강해진다는 사실은 다 아시리라 믿습니다.

요즘은 여행 정보가 넘쳐나니 인터넷에서 블로그만 잘 검색해봐도 좋은 정보를 많이 얻을 수 있습니다. 하지만 그 이전에 해야 할 일이 있습니다. 앞에서 이야기했지만 어린아이는 '어디를 가느냐'보다 '무엇을 하느냐'를 더 중요하게 여깁니다. 그러니 여행을 계획하는 순서를 바꿔봅시다. 아이와 무엇을 할지를 먼저 정하고 그다음에 그것을 할 수 있는 적당한 여행지를 찾아봅시다. 이렇게 하면 여행의 목적이 분명해지고 장소보다는 활동을 중심에 둘 수 있습니다.

어떤 활동을 할지는 가족의 의견을 모아 정해보세요. 다 함께 즐겁게 할 수 있는 것으로 정하면 좋습니다. 기억해두세요. 어린아이와 함께 여행을 갈 땐 '이번엔 어디로 가야겠다'보다는 '이번엔 무엇을 하러 가야겠다'를 먼저 생각하는 게 핵심입니다. 정말 쉽죠? 생각의 순서만 바꾸면 부모와 아이 모두 즐겁게 여행할 수 있습니다.

초등학생 아이와는 이렇게

아이가 더 자라서 초등학생이 되면 조금씩 부모에게서 벗어나려 합니다. 자기 생각을 이야기하고 부모의 지시에 따르지 않기도 하면서 자기만의 영역을 만들려고 힘쓰지요. 어떤 부모는 아이가 이런 반응을 보이면 '아직 사춘기도 아닌데 벌써 반항인가? 문제아가 되기 전에 초장에 잡아야겠어' 하면서 꾸짖거나 기를 죽이려 들기도 합니다. 이런 시도는 대개 1~3학년까지는 잘 통합니다. 그때는 아직 어린 티가 많이 나기 때문에 특별한 감정의 고립이나 애정 결핍이 없다면 어른들의 통제에도 잘 따르는 편입니다.

하지만 4학년이 되면 좀 달라집니다. 신체적으로 점점 성장하고 아는 것도 많아지면서 할 수 있는 게 늘어납니다. "내가 뭘!" 하고 소리 지르면서 무섭게 반항하는 아이도 종종 있지요. 남자아이는 넘치는 에너지를 주체하지 못해 또래 친구와 자주 싸웁니다. 여자아이는 감성적이 되며 인기 가수나 연예인에 집착하기도 합니다. 사춘기지요. 아니 중학생도 아닌 초등학생이, 그것도 4학년이 사춘기라고?

놀라셨나요? 전 요즘 아이들의 사춘기를 이야기하고 있습니다. 부모가 생각하는 사춘기는 부모가 어렸을 때 겪었던 사춘기 시절을 기준으로 합니다. 시대는 변하고 있고 그에 따라 사춘기도 점점 빨리 찾아오고 있지요. 김영훈 박사의 《빨라지는 사춘기》에는 이런 내용이 있습니다.

부모가 아이들의 사춘기에 더 놀라는 이유는 자신이 직접 겪은 사춘기와 다르기 때문이다. 하지만 요즘 아이들과 부모 세대의 사춘기를 비교해서는 곤란하다. (중략) 과잉 영양 공급과 운동 부족, 환경 호르몬 등의 영향으로 몸집이 커진 아이는 그만큼 2차 성징도 빨리 경험한다. 아직 어른의 사고를 따라가지 못하는데, 몸만 어른에 가까워지고 있으니 자연히 사춘기 시작과 더불어 겪는 혼란이나 파장이 만만치 않다.

제 경험으로도 사춘기가 시작된 4학년 아이들은 당황하는 눈치였습니다. 좀 많이 당황한 아이는 이유 없이 화도 내고 갑자기 반항도 합니다. 정신연령은 초등학생 수준인데 몸집만 커지고 있으니 스스로 통제가 잘 안 됩니다. 그 때문에 4학년 아이들은 충동적으로 행동하기도 하고, 감정의 기복이 심하기도 합니다. 이런 경향은 5학년까지 이어지다가 6학년이 되면 다소 진정되지요. 이렇게 혼란을 겪어야 하는 아이들에게 필요한 것은 무엇일까요? 바로 '심리적 안정감'이라는 이름의 응원단입니다.

심리적 안정감은 자신을 믿어주고 응원해주면서 끝까지 지지해주는 사람과의 관계를 통해 형성됩니다. 우리 아이들에게 그런 응원단은 누구일까요? 당연히 가족입니다. 가족과 긍정적으로 대화하고 사랑받고 있다고 느끼는 아이는 심리적으로도 안정되어 있습니다. 신체 변화를 겪더라도 그 혼란의 시기를 충분히 극복해낼 힘이 있습니다. 하지만 가족과 관계가 불안한 아이는 그 시기를 힘겨워하고 주변의 유혹에 쉽게 빠집니다.

내 아이가 사춘기로 너무 힘들어하거나 충동적인 행동을 보인다면 아이와의 관계를 점검해보세요. 관계에 아무 이상 없다고 생각하더라도 그건 부모 혼자만의 생각일 때가 많습니다. 아이와 시간을 가지고 충분히 이야기해봐야 합니다. 평소에 대화하기 힘들다면 그럴 만한 계기를 마련해야겠지요. 가장 좋은 방법이 바로 여행입니다. 가족여행을 하면서 자연스레 아이와 터놓고 이야기하는 시간을 꼭 가져보세요. 부모가 아이의 마음을 알아차리고 진심을 있는 그대로 표현할 때 비로소 신뢰가 완성됩니다.

초등학생에게는 어떤 여행이 어울릴까요? 아이에 따라 다르지만 초등학생은 보통 4학년을 기점으로 1~3학년까지의 시기와 4~6학년까지의 시기가 많은 차이를 보입니다. 물론 아이가 4학년이 되었다고 어느 날 갑자기 변신하는 건 아닙니다. 6년이라는 시간을 통틀어 볼 때 전체적인 경향이 그렇지요.

1~3학년 아이들은 여전히 어린 티가 많이 나지만 서서히 독립적인 활동을 시도합니다. 함께 여행을 가더라도 이것저것 다 해주기보다 작은 일부터 하나씩 스스로 해낼 수 있게 계속 격려해주세요.

예를 들어 아이가 음료수를 내밀면서 "뚜껑 열어주세요" 한다고 그 귀여움에 홀랑 넘어가 뚜껑을 열어주면 빵점입니다. 일단 아이에게 스스로 열어보라고 기회를 주세요. 안 된다고 쩔쩔매는 아이가 보기 힘들어 열어주면 50점입니다. 끝까지 기회를 주고 스스로 할 수 있을 때까지 기다리다 아이와 손을 모아 열거나 살짝 열어준 다음 열게 하면 90점이지요. 이걸 기회 삼아 스스로 '음료수 뚜껑 여는 방법'을 확실히 익히게 하면 100점입니다. 그래야 할 수 있는 게 늘어나고 자신감도 생깁니다.

여행 장소는 가까운 곳을 시작으로 조금씩 멀어지도록 잡는 게 좋습니다. 아이도 여행에 적응하려면 시간이 걸리니까요. 주변에 역사 유적지나 박물관이 있다면 한번 들러보세요. 아직 이야기에 관심이 많을 때니 역사 유적지나 박물관을 가더라도 이야기로 흥미를 돋워주는 것이 좋습니다. 신화나 전설, 민담 같은 설화를 들려주면 역사에 관심을 가질 수 있습니다. 그리기, 만들기 같은 체험 거리가 많은 곳으로 가면 더 좋지요.

이 시기엔 너무 욕심부리지 않는 것이 중요합니다. 선행학습을 한다고 너무 많은 걸 외우게 하거나 스트레스를 주면 힘만 빠집니다. 역사와 문화 같은 주제에 호기심과 흥미 정도만 가질 수 있게 도와주면, 부모도 아이도 즐거운 여행을 할 수 있습니다.

4~6학년 아이들은 사춘기답게 성별에 따라 확연한 성향 차이를 보입니다. 남자아이는 도전적이고 모험을 즐기는 편이라 몸으로 하는 활동을 좋아합니다. 남들 앞에서 허세 부리는 것도 즐기지요. 반면 여자아이는 섬세하고 감정적인 편이며, 공감해주는 상대와 대화하길 좋아합니다. 감정 기복이 심하며 작은 일에도 예민한 반응을 보입니다.

남자아이와는 모험적이고 활동적인 걷기 여행이나 배낭여행을 하는 것이 좋습니다. 넘치는 에너지도 해소할 수 있고 힘들고 어려운 일을 통해 성취감도 얻을 수 있으니까요. 몸을 움직여 할 수 있는 활동적인 놀이나 체험을 일정에 넣어보세요. 분명 "신난다!"는 말이 아이 입에서 절로 나올 겁니다.

여자아이와는 감성적인 풍경을 찾아 떠나는 여행이나 기차여행이 어울립니다. 멋진 풍경은 아이들도 좋아합니다. 굳이 설명하지 않아도 그런 풍경은 말로 표현할 수 없는 감동으로 남지요. 기차여행은 멋진 풍경도 볼 수 있고 특유의 여유로움과 안정감도 느낄 수 있습니다. 감성도 풍부해지고 여유롭게 대화할 수 있어 즐기는 여행을 할 수 있지요. 물론 남녀를 차별하는 것은 아닙니다. 여자아이도 몸을 움직여 할 수 있는 거리가 있으면 좋습니다. 저와 함께 여행했던 어떤 여자아이는 축구를 너무 좋아해 남자아이들 틈에 섞여 활약하곤 했습니다. 일반적인 경향을 이야기한 것이니 아이 성향에 맞게 적절히 조정하거나 아이의 의견을 반영하길 권합니다.

이 시기의 아이들이 갖는 또 다른 특징은 어른의 지시보다 또래 아이들의 분위기에 더 큰 영향을 받는다는 것입니다. 주변에 또래 아이가 있다면 함께 여행 가서 어울릴 수 있게 해보세요. 아마 부모도 편하고 아이도 행복한 여행이 될 겁니다.

어떤 아이는 부모의 보호를 받길 원하면서도 독립적인 활동을 원하는 이중적인 경향을 보이기도 합니다. 간섭하지 말라고 큰소리치고는 무슨 문제가 생기면 부모를 찾는 식이지요. 만약 따로 독립적인 활동을 하려 한다면 간섭하기보다 곁에서 지켜봐 주세요. 그러다 아이가 도움을 요청하거나 같이하길 원할 때 관심을 갖고 어울려 놀면 즐거운 여행을 시작할 수 있습니다.

중고등학생 아이와는 이렇게

중고등학생이 되어도 사춘기는 계속됩니다. 초등학교에서 중학교로 옮겨가는 과정은 생각보다 진통이 큽니다. 갑작스러운 환경의 변화는 아이의 마음을 불안하게 합니다. 성격이 바뀌기도 하고 성적이 추락하기도 합니다. 이럴 때 부모마저 불안해하거나 걱정으로 어쩔 줄 몰라 하면 아이의 불안감만 더하게 됩니다.

이제 아이를 향한 생각 자체를 달리해야 할 때입니다. 부모가 나서서 뭔가를 대신 해주거나 간섭할 필요도 없고 해서도 안 되는 시기입니다. 아이가 도움을 요청하기 전까지는 잘 이겨내리라 믿고 응원해줘야 합니다.

고등학생이 되면 아이들은 본격적으로 자기 진로를 고민하기 시작합니다. 대학 갈 일이 코앞에 다가와 그렇기도 하지만 미래에 대한 구체적인 전망을 생각할 수 있을 만큼 성장했기 때문이지요. 환경의 변화에 적응하고, 문제를 해결하고, 자신의 진로를 고민합니다. 이때 필요한 것은 '다양한 경험'과 '생각할 시간'입니다. 이런저런 경험을 쌓으면서 내가 어떤 일을 잘하는지, 어떤 일에 관심이 있는지 알아갈 수 있기 때문이지요.

경험의 폭이 너무 좁으면 자신에 대해 제대로 알기 어렵습니다. 물론 경험만 많이 한다고 저절로 자기 자신에 대해 알게 되는 것은 아닙니다. 생각할 시간도 필요합니다. 일상에 쫓겨 바쁘게 살다 보면 생각하는 법조차 잊어버리게 됩니다.

'다양한 경험'과 '생각할 시간'을 모두 충족하는 활동이 바로 여행입니다. 세상과 부딪히며 다양한 경험을 쌓고, 일상에서 벗어나 생각할 시간을 얻는 데는 여행만 한 게 없습니다. 진로에 대해 본격적으로 고민하는 시기이니 직업체험관 같은 곳으로 여행을 가보는 건 어떨까요? 목표로 두고 있거나 가고 싶어 하는 대학교를 미리 둘러보는 것도 괜찮습니다. 감명 깊은 작품들을 내보이는 문학관, 미술관을 들르는 여행도 좋습니다. 다만 억지로 가는 것은 별 도움이 안 됩니다. 아이에게 선택권을 주거나 아이가 계획해서 가도록 이끄는 게 중요하지요.

예술 거리를 자유롭게 돌아보거나 재미있는 연극 공연을 함께 보러 가는 일정도 넣어보세요. 감수성이 충만한 이 시기에 감수성을 충족시켜줄 만한 활동을 부모와 같이 즐기면 정서적인 관계를 맺는 데도 도움이 됩니다.

중고등학생은 먼 거리를 장기간 다녀오는 여행도 가능합니다. 물론 이전에 거의 여행을 해본 적이 없는 여행 초보라면 가까운 곳부터 시작하는 게 좋습니다. 하지만 가족여행이나 체험학습을 많이 다니는 요즘은 대부분 여행 경험이 풍부한 편입니다.

일단 목적에 따라 다르게 떠나야 합니다. 아이와의 관계를 회복하거나 돈독하게 하기 위한 여행이라면 거리와 관계없이 일상에서 벗어나 함께하는 시간, 대화하는 시간을 최대한 가지는 것이 좋습니다. 조용한 분위기에서 이야기 나눌 수 있는 곳으로 캠핑을 가보세요. 밤하늘의 별을 볼 수 있는 자연 속으로 떠나길 권합니다.

이런 것과는 관계없이 아이에게 경험을 쌓게 해주고 싶다면, 완전히 새로운 환경으로 여행을 떠나야 합니다. 새로운 환경은 여행을 하는 아이에게 자극이 됩니다. 이런 자극은 아이가 새로운 마음을 가질 수 있게 도와주며, 새로운 시도를 할 수 있게 이끕니다. 새로운 시도는 반드시 어려움이 뒤따르고 이 어려움이 아이를 성장시키지요. 머릿속에 지식을 더하는 게 아니라, 어려운 문제를 해결하는 경험이 쌓이도록 합니다.

이런 목적에 딱 맞는 여행은 배낭여행입니다. 어렵고 힘든 여행 방법이지만 자발적이고 능동적인 가장 여행다운 여행입니다. 중고등학생 아이와 함께 여행을 간다면 배낭여행을 추천합니다.

그럼 배낭여행으로 갈 수 있는 새로운 환경이란 어디일까요? 쉽게 생각해봅시다. 서울에 사는 사람에겐 강원도나 제주도가 새로운 환경이 될 수 있습니다. 반대로 강원도나 제주도에 사는 사람에겐 서울이 새로운 환경입니다.

이보다 더 좋은 곳은 언어와 문화가 전혀 다른 해외입니다. 완전히 다른 곳에서 만나는 사람들, 그들의 문화는 진로를 고민하는 중고등학생에게 새로운 가능성을 열어줍니다. 우선은 가까운 일본이나 중국의 대도시 정도를 배낭여행으로 떠나보세요. 가까운 곳에서 해외 배낭여행에 익숙해지면 유럽이나 미국 같은 곳도 도전해보면 좋습니다.

여러 곳을 아이와 함께 여행하다 아이가 고등학생쯤 되면 혼자 여행을 떠나겠다고 선포하는 날이 옵니다. 정말 기뻐해야 할 일입니다. 드디어 내 아이가 세상을 향해 스스로 나아가겠다고 마음먹은 날이기 때문이지요. 격려해주고 도와주면 됩니다.

그러나 부모 된 마음으로 분명히 걱정 또한 밀려올 겁니다. 걱정된다고 무턱대고 반대하기보다는 친구들과 함께 떠나도록 제안해보세요. 걱정스러운 마음을 아이에게 솔직하게 털어놓읍시다.

"네가 스스로 여행을 다녀오겠다니 기쁘구나. 하지만 엄마 아빠는 솔직히 걱정되기도 해. 엄마 아빠가 안심할 수 있으려면 좋은 방법이 없을까?"

그러면 아이도 친구들과 같이 간다거나 날마다 전화나 이메일을 통해 상황을 알려주겠다고 방법을 내놓을 겁니다. 이렇게 서로 맞춰가면 부모의 걱정도 덜고, 아이도 좀 더 신중하게 여행합니다. 아이 스스로 떠나는 여행이 되도록 그 뜻을 존중해주세요. 조정이 필요하다면 서로 맞춰가는 과정을 거치는 게 좋습니다. 이제 성인이 다 되어가는데 어릴 때처럼 부모 마음대로 하려고 해선 안 됩니다. 부모가 먼저 아이를 존중해줘야 아이도 부모를 존중합니다. 존중받는 아이가 더 빨리 성장하고 다른 사람도 존중할 줄 압니다.

아이를 키우다 보면 '우리 애가 벌써 이렇게 컸나?' 싶을 때가 있습니다. 아이는 어른들 생각보다 훨씬 빨리 큽니다. 그래서 부모가 예전에 아이를 대하던 방식으로 계속 대하다 보면 어느 순간 '이게 아닌데' 싶은 때가 옵니다. 그럴 때마다 부모는 아이를 대하는 방식을 달리해야 합니다.

농사지을 때 봄에는 씨앗을 뿌리고, 여름엔 모내기를 하지요? 가을엔 추수를 하고 겨울엔 다음 해를 준비합니다. 농부는 벼가 자라는 상황에 맞게, 계절에 맞게 다른 일을 합니다. 자식 농사도 마찬가지입니다. 아이가 자라는 상황에 맞게 다르게 대해야 합니다.

여행 또한 그렇지요. 아이가 어릴 땐 무리한 여행보다 즐겁고 신나는 활동에 중점을 두는 게 좋습니다. 아이가 자라면 조금씩 여행의 참맛을 맛볼 수 있게 이끌어야 하고요. 어디에 갈지만 골몰히 생각하는 여행보다는 지금 내 아이에게 필요한 활동을 할 수 있는 여행이 좋습니다. 신나는 놀이, 심리적 안정감, 관계 회복, 다양한 경험, 생각할 시간, 새로운 환경 다 좋습니다. 아이에게 선물해줄 수 있는 그 무엇이 있다면 이번 여행은 분명 멋진 여행으로 남을 겁니다.

내 아이에게 맞는 여행 찾기

좀 길었지요? 내 아이에게 맞는 여행을 찾아볼까 했는데 핵심이 눈에 잘 안 들어오는 분도 계실 겁니다. 핵심만 따로 정리해봤습니다.

나이	여행 방법
미취학 아동	가깝고 부담 없는 곳, 자연 속에서 뛰어놀 수 있는 곳으로 가까운 캠핑장, 계곡, 숲 등을 추천 '어디를 가느냐'보다 '무엇을 하느냐'가 중요 장소보다는 활동 중심
초등 1~3학년	서서히 독립적인 활동을 시도하는 시기 작은 일부터 하나씩 스스로 해낼 수 있게 계속 격려해주기 가까운 곳을 시작으로 조금씩 멀리 가도록 하는 게 좋음 이야기가 깃든 곳으로, 체험 거리가 많은 곳으로
초등 4~6학년	남자아이 : 모험적이고 활동적인 걷기 여행이나 배낭여행 여자아이 : 감성적인 풍경을 찾아 여행하거나 기차여행 또래 아이들이 있다면 함께 여행 가서 어울릴 수 있도록 역사와 문화를 배울 수 있는 곳으로
중고등학생	먼 거리를 장기간 다녀오는 여행도 가능 목적에 따라 다르게 진행할 필요 있음 아이와의 관계를 회복하거나 돈독하게 하고 싶다면 : 거리와 관계없이 일상에서 벗어나 함께하는 시간, 대화하는 시간을 최대한 가지기. 캠핑을 추천 아이에게 경험을 쌓게 해주고 싶다면 : 완전히 새로운 환경으로 떠나기. 배낭여행을 추천. 우선 가까운 일본이나 중국의 대도시로 배낭여행 떠나기. 해외 배낭여행에 익숙해지면 유럽이나 미국 같은 곳도 도전해보기

첫 번째 원칙
몸으로 하는 여행

　내 아이에게 맞는 여행이 정해졌나요? 이제 그 여행을 어떤 식으로 이끌어야 할지 원칙을 세워봅시다. 아이와 함께 가는 여행이 교육적으로 도움이 되려면 뚜렷한 원칙이 필요합니다. 원칙이 필요한 이유는 여행이 주변 상황에 따라 이리저리 흔들리지 않도록 하기 위해서지요.

　맛있고 건강에 좋은 요리를 만들려면 몇 가지 원칙을 지켜야 합니다. 좋은 재료를 쓰고, 해로운 것은 넣지 않고, 정성을 다해야 한다는 원칙을 지켜야 하지요. 원칙 없이 마음대로 요리하면 절대 맛있고 건강에 좋은 요리를 만들 수 없습니다. 여행도 이와 같습니다. 원칙을 지키면 맛있는 여행, 몸에 좋은 여행을 할 수 있습니다. 이 원칙들은 여행을 계획할 때부터 실제 여행에 가서까지 계속 적용됩니다. 부모가 필요성을 깊이 공감해야 지킬 수 있는 원칙들이지요.

첫 번째는 바로 '몸으로 하는 여행'입니다. 우리가 흔히 '관광'이라고 부르는 것과 '여행'이라고 부르는 것은 사전적으로 비슷한 뜻입니다. 관광은 '다른 지방이나 나라에 가서 그곳의 풍경, 풍습, 문물 따위를 구경한다'는 뜻이고, 여행은 '일이나 유람을 목적으로 다른 고장이나 외국에 가는 일'이라는 뜻입니다. 하지만 실제로 두 단어가 지닌 이미지는 조금 다릅니다. 대체로 관광은 '나이 드신 분들이 버스 타고 다녀오는 단체 여행' 같은 이미지라면, 여행은 '젊은이들이 배낭 메고 떠나는 개별 여행'이라는 이미지가 강합니다.

관광의 이미지에 가장 가까운 것은 여행사에서 판매하는 패키지 상품입니다. 대부분 미리 계획된 프로그램에 따라 진행되지요. 어느 나라에 가고 어떤 상품을 선택할지만 정하면 여행사에서 많은 것을 대신 해줍니다. 가장 큰 장점은 준비하는 데 드는 수고를 덜 수 있다는 겁니다. 현지에서도 전용버스로 이동하기 때문에 편하지요.

물론 가장 큰 단점은 자유롭게 여행할 수 없다는 점입니다. 지금은 패키지 상품이 많이 좋아져서 일정 중간에 자유 일정을 넣거나 쇼핑센터 방문 같은 걸 뺄 수도 있습니다. 하지만 불과 몇 년 전까지만 해도 일방적이고 무리한 일정 진행으로 문제가 되기도 했습니다. 그래서 여행사 패키지 상품을 두고 '주마간산'식 여행이라고 비판하기도 하지요. 주마간산이란 '말을 타고 달리며 산천을 구경한다'는 뜻인데 자세히 살피지 않고 대충대충 보고 간다는 겁니다. 패키지 상품처럼 '눈으로 하는 여행'은 준비가 편하지만 다른 한편으론 일정에 쫓겨 피곤하기도 하고 후회를 남기기도 합니다.

장피에르 나디르와 도미니크 외드가 쓴 책 《여행정신》에는 이런 내용이 나옵니다.

여행은 삶과 같다. 목적지가 아니라 거기까지 가는 길이 중요하다. 시간에 쫓기며 정해진 목표를 향해 서둘러 갈 권리도 있겠지만, 길가에서 경험하는 경이와 아름다움을 놓친다면 참으로 안타까운 일이다. (중략) 이는 즉흥적으로 살고, 예상치 못한 일에 황홀해 하며, 깜짝 놀라기도 할 줄 안다는 의미다. 효율성과 안전, 시장 경제라는 씁쓸한 핑계 아래 여행자들은 점점 더 무리 지어 다니고 하나부터 열까지 모든 일에 제약을 받는다. 차라리 이런 시스템에 고장이라도 나서 여행자들을 자유롭게 풀어주면 얼마나 좋을까!

아이와 함께 떠나는 여행이 '몸으로 하는 여행'이 되어야 하는 이유는 간단합니다. 아이에게 목적지보다 더 중요한 것들을 알려주기 위해서입니다. 미리 정해진 대로 편하게 목적지에 도달하고 눈에 담고 돌아오는 것이 여행이라면, 차라리 집에서 다큐멘터리를 시청하는 게 더 편하고 유익할지도 모릅니다.

목적지까지 가는 동안 만나는 "길가에서 경험하는 경이와 아름다움"은 어떤 다큐멘터리에서도 접할 수 없습니다. "즉흥적으로 살고 예상치 못한 일에 황홀해 하며 깜짝 놀라기도 하는" 것은 직접 몸으로 여행하는 사람들의 특권입니다. 목적지를 향해가는 그 일련의 과정이 나와 내 아이의 피부에 와 닿을 때 비로소 여행의 껍질을 뚫고 그 속을 맛볼 수 있습니다.

그럼 '몸으로 하는 여행'은 어떤 것이 있을까요? 여유 있게 느리게 여행하면 가장 좋습니다. 처음부터 끝까지 걸어서 여행하거나 한곳에 오래 머물 수 있다면 그 지역의 삶을 몸으로 경험할 수 있습니다. 물론 꼭 그렇게 해야만 한다는 것은 아닙니다. 여행하는 동안 그 지역의 교통수단을 이용하고, 자연스레 그 지역 사람들을 만나는 여행도 몸으로 하는 여행입니다. 굳이 비유하자면 그림 구경하듯 따로 떨어져 구경하는 게 아니라, 그림 속으로 뛰어들어 뒹굴고 노는 거지요.

이런 여행으로는 걷기 여행이나 배낭여행이 가장 적당합니다. 걷기 여행은 계절이나 날씨의 영향을 많이 받습니다. 체력적인 부분까지 뒷받침되어야 하지만 여행지를 날 것 그대로 접할 수 있습니다. 역사적으로 볼 때도 가장 오래된 여행 방식입니다. '여행의 원조'라 할 만하지요.

아이와 함께 걷기 여행을 한다는 것은 쉽지 않은 도전입니다. 하지만 그만큼 의미 있는 도전입니다. 요즘처럼 자동차, 기차, 비행기 같은 탈 것들로 바람처럼 쌩하니 이동하는 세상에서 걷기 여행은 아이에게도 부모에게도 특별한 경험이 됩니다. 어떤 여행자들은 마치 제한시간이 있는 보물찾기를 하는 것처럼 더 빨리 더 많이 목적지를 수집하려 합니다. 반면 걷기 여행은 느리게 한발씩 하나의 목적지를 향해 다가가는 여행입니다. 그래서 부모가 아이에게 늘어놓는 그 어떤 산소리보다 훨씬 강력하게 아이의 마음에 삶의 지혜를 새겨줍니다.

세상의 모든 일은 한발 내딛는 것부터 시작한다는 것. 힘들고 어려운 목표일수록 그것을 달성했을 때 뿌듯함이 크다는 것. 이건 누구나 알고 있는 평범한 진리입니다. 하지만 이 평범한 진리를 머리가 아닌 가슴속에 새기는 것은 자기 스스로 경험하고 깨닫는 과정을 통해서만 가능합니다. 머릿속으로 상상만 하지 말고 이제 걷기 여행을 시작해보세요. 몸을 움직여 한발 내디디며 시작하고 걷고 또 걸어서 목적지에 도착해보면, 나도 내 아이도 마음속에 지혜 하나쯤은 새겨져 있을 겁니다.

배낭여행은 어떨까요? 배낭여행은 일반적으로 배낭 하나 메고 최소한의 경비를 들여 하는 여행을 말하지요. 대체로 현지 교통을 이용해 이동합니다. 상황에 맞게 일정을 변경할 수 있어 자유도가 높은 편이지요. 아이와 함께하는 배낭여행은 부모와 아이에게 많은 교육 기회를 선물합니다.

우선 모르는 길을 찾기 위해 길을 묻는다면? 그 과정에서 지역 사람들과 자연스레 대화할 기회를 얻습니다. 말이 통하지 않는 해외라 할지라도 손짓과 몸짓을 통해 충분히 해낼 수 있지요. 의사소통이 어려우면 오히려 잘된 일입니다. 그 과정이 어려울수록 자연스레 외국어에 대한 갈증이 커지기 때문입니다. 외국어를 공부하고자 하는 동기가 부여되는 거지요. 만약 의사소통이 잘된다면 그것도 잘된 일입니다. 길을 묻는 과정에서 그들과 대화를 이어갈 수도 있으니까요. 기회가 닿아 친해진다면 그들의 생각도 들어볼 수 있고요. 물론 용기 있는 자만이 얻을 수 있는 기회입니다.

또 다른 기회는 목적지까지 가는 길이나 교통수단에서, 밥을 먹기 위해 들린 식당에서 얻을 수 있습니다. 그들의 문화를 몸으로 체험하는 기회지요. 그들 속에 섞여 그들의 생활에 녹아들면 우리와 다른 문화적 차이점을 발견할 수 있습니다. 이런 경험이 쌓이면 세상을 보는 폭넓은 시각을 갖출 수 있습니다. 교육이란 이런 것 아닐까요?

어느 동네 유명한 여행지의 무엇이 언제 만들어지고 어떤 역사적 배경을 갖고 있다고 외우는 것은 별로 중요하지 않습니다. 이보다 더 중요한 것은 몸으로 부딪히고 다른 이와 소통하는 것입니다. 그들과 우리의 문화적 차이를 느끼면서 세계관을 넓혀나가는 과정이 중요합니다. 이게 바로 정말 교육적인 것 아닐까요?

올해 휴가는 아이와 함께 배낭여행을 떠나보세요. 어딜 가든 누굴 만나든 배낭여행자의 자유이니 그 자유도 마음껏 누리면서 말이죠. 이제 몸으로 여행하세요. 몸을 움직여야 알 수 있는 진실, 그리고 자유를 향해.

게으름의 악순환을 끊어야 달라질 수 있다

갈수록 몸을 움직이기 싫어하는 아이들이 늘고 있습니다. 학교나 학원에 차를 타고 가고, 집에도 차를 타고 옵니다. 학교에서도 종일 앉아 있지요. 평소에 움직일 일이 거의 없으니 게으름이 습관처럼 몸에 뱁니다. 이렇게 해서 체력이 약해지면 집중력도 떨어지고 수동적으로 변하게 됩니다. 이런 아이는 여행도 귀찮아합니다.

어릴 때부터 생활습관을 잘 들여야 합니다. 학교는 걸어서 가고, 좋아하는 운동을 하나쯤은 만드는 게 좋습니다. 축구나 농구 같은 단체 운동에 재미를 붙이면 금방 달라집니다.

저녁을 먹고 나면 가족끼리 다 같이 산책을 가보세요. 산책하다 적당한 장소가 있으면 배드민턴도 한번 쳐보시고요. 장소가 없으면 줄넘기 같은 운동도 괜찮습니다. 이렇게 규칙적으로 운동하다 보면 체력이 좋아지고 적극적으로 변합니다. 그럼 여행도 기꺼이 즐기게 되지요. 여행 때문이 아니더라도 가족의 건강을 위해 오늘부터라도 시작해보세요. 꼭이요!

두 번째 원칙
내 아이가 이끄는 여행

사람들에게로 가서 그들 가운데 살면서 그들에게서 배우고 그들을 사랑하라
그들이 아는 것에서 시작하고 그들이 가진 것을 기반으로 하라
그러나 최고의 지도자는 임무가 끝났을 때
사람들이 '우리 스스로 이 일을 했다'고 말하게 하는 사람이다

중국의 시인 라오츄의 시입니다. 최고의 지도자는 사람들이 "우리 스스로 이 일을 했다"고 말하게 하는 사람이라는 마지막 부분이 특히 인상적이지요. 진정한 리더는 자기 자신을 뽐내는 사람이 아닙니다. 사람들이 스스로 일을 해내게끔 이끄는 사람입니다.

아이와 여행하는 부모의 역할도 이와 같습니다. 어떤 부모는 여행을 '부모 역할을 다하기 위한 치적사업' 정도로 여깁니다. 아이와 함께 여

기도 가봤고 저기도 가봤다고 남들에게 뽐내거나 스스로 만족감을 얻기 위해 여행을 나녀오지요. 여행의 모든 과정은 부모가 알아서 처리합니다. 아이는 불만 없이 따라만 와줘도 감사하다고 여깁니다.

이런 여행은 아이와 함께 다녀오는 여행이 아닙니다. 아이를 위한 여행도 아닙니다. 그저 부모 자신을 위한 여행이지요. 그럼 부모라도 만족스러운 여행일까요? 꼭 그렇지도 않습니다. 부모에게 아이는 짐이 됩니다. 아이는 부모라는 가이드를 동반한 관광객이 되고요. 심한 경우는 부모를 종처럼 부리는 아이도 있습니다.

그럼 아이는 만족스러울까요? 아이에게도 할 게 없는 지루하고 따분한 여행입니다. 나이 든 사람이라면 몰라도 에너지 충만한 아이가 따라만 다니는데 뭐가 즐거울까요? 그러니 괜한 데다 에너지를 쏟습니다. 휴대폰 게임에 푹 빠지거나 부모에게 짜증 내면서 에너지를 소비합니다. 결국 부모와 아이 모두에게 불만족스러운 여행으로 남습니다.

아이와 함께 가는 여행에서 지켜야 할 두 번째 원칙은 '내 아이가 이끄는 여행'입니다.

미국에서 학습 효과를 측정하기 위해 실험을 했습니다. 두 사람에게 자동차로 낯선 도시를 여행하게 했지요. 한 사람은 운전하고, 한 사람은 조수석에 앉았습니다. 여행이 끝난 뒤 질문했더니 두 사람이 습득한 정보의 차이가 무려 4.7배에 달했습니다. 운전자는 거리, 표지판, 건물 등을 살피며 주도적으로 여행했지만, 조수석에 앉은 사람은 수동적으로 구경만 했기 때문이지요.

아이와 함께하는 여행에서도 누가 주도하느냐에 따라 결과가 달라집니다. 여행에서 얻는 경험이 큰 차이를 보이게 됩니다. 부모가 주도해 처음부터 끝까지 안내해주는 여행은 아이를 구경꾼으로 만듭니다. 아이가 이런 여행에 익숙해지면 새로운 도전보다는 편하고 안락한 여행만을 찾게 됩니다. 어딜 가더라도 새로운 경험보다 따분함만이 기억에 남을 뿐입니다.

아이와 함께 가는 여행은 내 아이가 이끌도록 해야 합니다. 여행을 계획하고 준비하는 과정에서부터 시작해야 합니다. 물론 실제로 여행지에 가서도 내 아이가 스스로 어려운 상황에 도전할 수 있게 만들어야 하고요.

부모가 아이에게 이런 일들을 맡기지 않는 첫 번째 이유는 아이에 대한 걱정과 불안 때문입니다. 두 번째는 아이를 무시하는 태도 때문이지요. 부모라면 당연히 내 아이가 사랑스럽고 소중합니다. 그런 내 아이에게 감당하기 힘든 과제를 준다는 것은 심히 걱정스러운 일입니다. 걱정은 자칫 잘못해서 사고라도 난다면 어쩌나 하는 불안감으로 이어지지요.

하지만 아이가 걱정스럽고 불안한 이유는 부모의 마음 때문입니다. 아이를 사랑하는 마음이 곧 걱정과 불안이 됩니다. 물론 아이가 걱정스럽고 불안한 것은 자연스러운 일이지만 그렇다고 달라지는 건 별로 없습니다. 언제까지고 평생 그렇게 생각할 수도 없는 일이지요.

아이가 크면 언젠가는 마음을 달리 먹어야 합니다. 마음을 달리 먹지 않으면, 내 아이가 칠순이 넘은 할아버지가 되었다 해도 걱정스럽고 불안해 보입니다. 이왕 마음을 달리할 거라면 일찍 시작하는 게 좋습니다. 부모가 걱정과 불안의 눈빛보다 신뢰와 믿음의 눈빛으로 바라봐주면 아이도 그 마음에 부응해 성장하기 마련입니다.

만약 "나는 내 아이가 걱정은 안 되는데 일을 맡기기는 싫다"고 이야기하는 부모라면 아이를 너무 무시하고 있지 않나 돌아볼 필요가 있습니다. 아이에게 일을 맡겼더니 제대로 하기는커녕 망치기만 했다면 그건 당연한 일이지요. 처음부터 뭐든지 잘하는 사람이 있을까요? 있다면 그 사람이야말로 비정상입니다. 당연히 처음엔 실패를 경험합니다. 그리고 그 실패를 통해 배우고 다시 도전해서 성공할 때까지 반복합니다.

하지만 아이를 무시하는 부모는 실패를 용납하지 않습니다. 부모는 대체로 아이와 자신을 동일시합니다. 이 때문에 아이의 실패는 곧 나의 실패가 되지요. 아이가 실패하는 모습을 보니 내가 직접 빠르고 깔끔하게 해결하는 게 속 편하다고 생각합니다. 이런 생각은 '이 일은 내 아이가 해낼 수 없는 일이야'라고 여기는 부모의 마음에서 비롯됩니다. 아이를 무시하는 태도는 아이의 가능성을 제한합니다.

저는 아이들과 여행하면서 생각지도 못했던 아이들의 능력에 깜짝 놀랄 때가 많았습니다. 아무것도 없는 벌판에서도 몇 시간을 재밌게 놀았고, 처음 보는 사람들과도 금방 친해졌습니다. 몇 번만 연습하면 스스로 목적지를 찾아가기도 했고, 말이 통하지 않는 외국인과 의사소통도 했지요. 가격이 정해져 있는 대형 마트에서 물건값을 깎는가 하면, 시장 구석에 자리를 펴고 앉아서 자기 물건을 팔고 오기도 했습니다.

기회가 주어지고 어른들이 조금만 도와주면 아이들은 어른보다 더 잘할 수도 있습니다. 아이를 무시하지 마세요. 내 아이를 무시하는 것은 아이의 수많은 가능성을 꺾어버리는 일입니다. 준비가 되었다면 한 번 더 신뢰와 믿음의 눈빛을 발사해주세요.

아이가 즐거운 여행이 되려면

내 아이가 이끄는 여행이 되려면 어떻게 해야 할까요? 아이가 주도적인 역할을 할 수 있게 만들어야 합니다. 처음부터 무조건 내 아이가 이끌기만을 기대해선 안 되지요. 전체적인 원칙과 최종 목표는 아이가 이끄는 것이지만, 처음에는 작은 일부터 하나씩 같이해보는 과정이 필요합니다.

예를 들어 별자리 여행을 계획한다면 어떤 식으로 여행을 갈지 아이와 함께 의논해보세요. 천문대 개관시간이나 프로그램, 교통편, 여행 당일 날씨 같은 건 필수겠죠? 처음엔 같이 해보면서 조사 방법을 일러주고, 다음부턴 혼자서 조사할 수 있게 해보세요. 여행을 계획하는 전체적인 틀은 부모와 아이가 함께 만듭니다. 하지만 세부적인 부분은 아이에게 하나씩 맡기는 겁니다.

여행 계획은 시간을 들여야 합니다. 여행을 계획하는 과정이 곧 흥미로운 공부가 되기 때문이지요. 계획이 빨리 완성되지 않는다고 재촉하거나, 마치 숙제처럼 아이에게 과제를 주면 안 됩니다. 흥미가 떨어져 괴로운 일이 됩니다. 아이가 관심 갖는 부분을 잘 봐두었다가 격려해주세요. 부족한 부분은 조금씩 보완해주면서 천천히 계획하도록 합니다.

계획이 끝나면 여행 준비를 시작합니다. 여행 준비는 계획에 따라 달라질 수 있지만, 대체로 여행지에 관해 공부하고 일정을 진행하는 데 필요한 예약이나 준비물을 챙기는 과정을 거칩니다. 요즘은 블로그나 여행 책자에 아주 자세히 소개되어 있으니 여기서 따로 설명할 필요는 없을 것 같네요.

이런 과정이 힘들고 귀찮은 일이 아니라 즐겁고 설레는 일이라는 분위기를 만들어주는 것이 핵심입니다. 아무리 대단한 여행도 준비 과정에서 지치면 출발하기도 전에 힘이 빠지기 때문이지요.

여행지 공부는 책이나 인터넷 자료를 찾아서 시작하면 됩니다. 한꺼번에 다 알아보는 것보다는 날마다 조금씩 알아보는 게 좋습니다. 공부를 싫어한다면 아이와 같이 여행지와 관련된 흥미로운 영화나 영상을 시청해보세요. 아이의 관심을 끄는 데 도움이 됩니다.

예약은 비용을 결제해야 할 때도 있으므로 아이가 부모에게 도움을 요청했을 때 적극적으로 도와주세요. 안 그러면 돈 때문에 김이 팍 샌 아이의 얼굴을 마주할지도 모릅니다.

사실 여행 전에는 준비물을 챙기는 것이 가장 큰 일입니다. 생각나는 대로 이것저것 챙기다 보면 부모도 아이도 빠뜨리는 준비물이 생기기 마련이지요. 사전에 아이와 함께 준비물 목록을 만들어보세요. 누가 어떤 준비물을 준비할지 역할도 분담하면 좋습니다. 목록에 있는 준비물이 제대로 갖추어졌는지 확인하는 것도 아이에게 맡겨보시고요. 만약 신나서 들떠 있는 아이라면 그 누구보다 열심히 그 일을 해낼 겁니다.

모든 준비가 완료되었다면 이제 여행을 떠납니다. 여행을 계획하고 준비하는 과정이 즐겁게 잘 이루어졌다면 아이는 적극적으로 나서기 마련입니다. 아니라면? 이번에는 좀 힘든 여행이 될 겁니다. 그렇다고 포기하진 마세요. 언제나 반전의 기회는 살아 있으니까요.

여행을 시작하고 막상 아이에게 여행의 주도권을 쥐여줄 때가 되면 모든 게 걱정됩니다. 그러다 보면 잔소리가 늘어나지요. 잔소리가 통하지 않으면 나도 모르게 화를 내게 되고요. 시작부터 아이의 기를 죽여버립니다. 그럼 결과는 뻔하겠죠? 기죽은 아이를 데리고 다니는 여행이 됩니다.

이게 싫다면 마음을 바꿔보세요. 마음을 편하게 하고 걱정의 끈을 살짝만 느슨하게 해보세요. 적극적으로 나서는 아이에게 계속 호응해주다 보면 분명 아이는 도움을 요청합니다. 부모는 이때 아이가 스스로 해결할 수 있도록 기회를 두 번 이상은 줘야 합니다. 정말 해결이 어려운 일만 도와주세요. 여기서 오해는 금물. 대신 해주는 게 아니라 도와주는 겁니다. 정답을 제시하는 게 아니라, 함께 고민하고 해결방안을 만들어 가는 거지요.

예를 들어 차를 타고 천문대 주차장에 도착했다고 생각해봅시다. 주차장에서 천문대 입구까지 거리가 좀 있습니다. 만약 어디로 가야 할지 몰라 헤맨다면 "입구는 저기야"라고 알려줘야 할까요? 아닙니다. 같이 안내판을 살펴보고 사람들에게 물어보기도 하면서 과정을 함께하세요. 천문대 입구가 중요한 게 아닙니다. 그 과정을 통해 아이에게 방법을 일러주는 것이 중요하지요.

도움을 요청하면 함께 해결하되 여행을 주도적으로 이끄는 것은 분명 아이가 되어야 합니다. 입장권을 사거나 예약한 프로그램에 참가하는 일, 하늘의 별자리를 찾아보는 일, 저녁 식사를 위해 식당을 찾는 일까지도 충분히 아이가 이끌게 할 수 있습니다. 물론 처음에는 분명 제대로 진행되지 않습니다. 속이 부글부글 끓어오르지요. 마음을 가다듬어야 합니다. 곁에서 격려해주고 북돋워 주세요. 아이가 이끄는 여행에 즐겁게 동행한다고 생각하세요.

다만 꼭 한 가지 지켜야 할 것은 '안전'과 관련된 일입니다. 사전에 계획을 세울 때 안전과 관련된 규칙을 정하고 아이와 함께 약속해야 합니다. 만약 이 규칙을 어긴다면 단호하게 혼내고, 그 이유를 자세히 설명해야 하지요. 어떤 경우에도 꼭 지켜야 하는 약속이 있음을 아이가 명확히 알 수 있게 하세요.

이때 중요한 것은 과도한 감정을 담아선 안 된다는 것입니다. 부모나 교사들은 종종 과도하게 흥분하면서 화내야 혼내는 것이라 생각합니다. 그러나 아이들은 그런 경우 혼나는 이유보다 부모나 교사가 화가 났다는 사실 자체에 더 집중합니다. 그래서 어떻게든 그 상황을 모면하고 싶어 하지요. 무엇 때문에 화가 났는지 몰라 어리둥절해 하기도 합니다.

혼낸다는 것은 화를 내는 게 아니라 단호한 태도로 잘못을 알려주는 것입니다. 그러니 안전과 관련된 약속을 어겼다면 화부터 내지 말고, 자세를 낮춰 아이의 눈을 똑바로 보세요. 이제 단호하고 명확하게 이야기해줍시다. 이건 장난이 아니라고 말입니다.

아이가 이끄는 여행을 마치고 돌아왔습니다. 이제 더 이상이 할 일이 없는 걸까요? 여행을 정리하고 평가하는 시간이 필요하겠죠? 물론 처음이라면 전체적인 틀을 함께 만들어보세요. 활동 자체는 아이가 이끌게 하고요. 그럼 어떤 활동이 좋을까요? 가족 모두 시간 여유가 된다면 발표회를 해보는 게 가장 좋습니다. 여행을 계획하고 준비하고 이끄는 과정을 사진이나 글로 남겨 발표하게 해보세요. 여행 못지않은 뿌듯한 활동이 될 겁니다.

부모는 아이가 이끈 여행에서 잘됐던 점과 아쉬웠던 점을 말해주세요. 아이가 다음 여행을 이끌 때 참고할 수 있겠죠? 여기서도 절대 잔소리는 금물입니다. 한곳의 여행이 끝났으니 커다란 우리나라 백지도 같은 것을 아이 방에 붙여보세요. 여행이 끝날 때마다 하나씩 색칠해보면 아주 뿌듯하거든요.

만약 정리하고 평가할 시간이 없다면 아이가 블로그나 카페 같은 데 여행 사진과 후기를 올리도록 이끌어보세요. 자료가 쌓이면 멋진 여행 카페, 블로그가 될 겁니다. 물론 부모도 시간 날 때 블로그나 카페에 들려 댓글을 달아주면서 도와줘야 합니다. 블로그, 카페가 다른 이들에게도 공개된 곳이라면 부정적인 내용의 댓글보다는 긍정적인 댓글이 필요합니다. 인터넷 댓글은 자칫 오해를 불러올 수 있거든요. 아쉬운 점이 있다면 따로 이야기하는 게 좋지요.

아이가 이끄는 여행은 계획과 준비, 여행지에서의 활동, 돌아온 뒤의 평가까지 아이가 주도적으로 할 수 있는 부분을 차례로 하나씩 늘려가야 합니다. 몇 번의 여행을 거치다 보면 어느 순간 처음부터 끝까지 아이가 스스로 이끄는 여행을 할 수 있습니다. 이렇게 여행하며 자란 아이는 어디에서든지 리더가 되고, 뭐든지 스스로 해내는 기특한 아이로 성장합니다. 기대하세요!

너를 우리 가족으로 임명한다

아이가 이끄는 여행, 좀 허황되게 들리시나요? 준비 과정만 잘 거치면 충분히
할 수 있습니다. 그런데 여행을 이끌 수 있으려면 적어도 초등학교 3~4학년은
되어야 합니다. 그렇다고 그 이전까지는 아무것도 할 수 없을까요? 아닙니다.
어린아이에게도 나름대로 할 수 있는 역할을 주는 게 좋습니다.

여행 갈 때 챙겨야 할 것이 얼마나 많나요. 그 가운데 돗자리 하나라도 아이가
직접 챙기도록 해보세요. 그다음 여행엔 모자, 그다음엔 선크림, 이렇게 하나
씩 늘려나가면 좋은 버릇을 들일 수 있습니다. 여행 준비뿐만 아니라 가족이
함께하는 모든 일에 아이가 하나라도 역할을 맡도록 하는 게 좋습니다. 아이를
어엿한 가족의 구성원으로 인정한다는 의미이기 때문입니다.

세 번째 원칙
설렘을 간직한 여행

여행을 떠날 때 가장 설레는 순간은 언제일까요? 바로 여행을 계획하고 준비할 때입니다. 막상 여행을 시작하고 나면 지금 당장 해내야 하는 일 때문에 정신없을 때가 많지요. 현실은 애초에 기대했던 것처럼 달콤하지도 환상적이지도 않으니 실망스럽기까지 합니다. 하지만 여행을 계획하고 준비하는 시간은 그 누구도 방해할 수 없는 나만의 행복한 시간입니다. 마음껏 누려야 합니다. 무라카미 하루키의 《하루키의 여행법》에선 이 시간을 이렇게 표현합니다.

지도를 펴놓고 자기가 아직 가본 적 없는 곳을 물끄러미 들여다보고 있노라면, 마녀의 노래를 듣고 있을 때처럼 마음이 자꾸만 끌려간다. 가슴이 두근두근 뛰는 것이 느껴진다. 아드레날린이 굶주린 들개처럼 혈관 속을 뛰어다니는 걸 느낄 수 있다. 피부가 새로운 바람의 산들거림을 간절히 원하고 있음을 느낄 수 있다. 문득 떠나고 싶다는 강한 유혹을 느낀다. 일단 그곳에 가면 인생을 마구 뒤흔들어놓을 것 같은 중대한 일과 마주칠 것 같은 느낌이 든다.

누군가는 "기대해봐야 실망감만 크니 아예 기대를 하지 말아야 한다"고 말할지도 모릅니다. 그러나 예상되는 미래 때문에 현재를 부정하는 것은 "어차피 죽을 건데 뭐하러 사니?" 하면서 삶 자체를 부정하는 것과 다를 바 없습니다. 크게 기대도 해보고 마음껏 두근거릴 수만 있다면 아무리 크게 실망하더라도 시도해볼 만한 일이지요.

우리가 누군가와 열정적인 사랑에 빠진다면 미래 따위는 내다보지 않을 겁니다. 예상되는 결과가 뻔하고 또 그런 결과를 맞이했다 하더라도, 열정적인 사랑 자체를 비난할 순 없습니다. 오히려 그런 사랑을 해봤다는 것 자체가 행복한 일 아닐까요? 여행을 계획하고 준비하는 사람도 마치 사랑에 빠진 듯 설렘을 느낄 수 있습니다.

내 아이와 함께 떠나는 여행에서 지켜야 할 세 번째 원칙은 '설렘을 간직한 여행'입니다.

설레고 두근거리는 순간 우리는 초능력을 발휘합니다. 초능력이라니? 뭔 뚱딴지같은 소리냐고요? 여러분이 지금껏 살면서 설레고 두근거렸던 순간들을 떠올려보세요. 우리는 보통 설레고 두근거리는 대상 앞에서는 적극적으로 변하고, 대상 자체를 더 긍정적으로 인식합니다.

아이들도 마찬가지입니다. 아니 오히려 아이가 어른보다 훨씬 더 적극적이 됩니다. 아이들은 항상 재미있는 걸 찾아다니는 재미 사냥꾼이거든요. 늘 새롭고 신선한 것이 필요합니다. 아이의 심장을 두근거리게 한다면 몸으로 하는 여행이든 스스로 이끄는 여행이든 아무리 어렵고 힘든 여행도 놀이처럼 즐겁게 해낼 수 있습니다.

이것 외에 한 가지 효과가 더 있습니다. 바로 '의미부여 효과'입니다. 아이에게 오늘 저녁에 치킨을 사 오겠노라고 선언했다고 생각해보세요. 잔뜩 기대하게 해놓았는데 사 오지 않는다면 아이는 난리가 납니다. 일이 너무 바빠서 그랬다느니, 치킨집이 문을 닫았다느니 하는 변명은 통하지 않습니다. 치킨 대신 다른 걸 먹자고 해도 웬만큼 대단한 게 아니면 불만을 잠재우기 어렵습니다.

아이가 이렇게 흥분하는 이유는 무엇일까요? 주체할 수 없는 식탐? 치킨에 대한 집착? 부모를 괴롭히기 위한 수작? 그게 아니라 아이는 치킨을 기다리는 동안 그것에 의미를 부여했기 때문입니다. 이미 치킨은 단순한 야식이 아닙니다. '부모와 아이가 함께한 약속'이고 '침 삼키며 참아온 오랜 기다림에 대한 보상'입니다.

여행 또한 마찬가지입니다. 오랜 시간 설렘과 기대감을 갖고 준비해온 여행일수록 아이는 그 여행에 많은 의미를 부여합니다. 그리고 그렇게 다녀온 여행은 잊을 수 없는 여행이 됩니다. 어떤 부모들은 이렇게 말합니다. 치킨 하나에도 그 난리를 부리는데 만약 사정이 생겨서 여행을 못 가면 그 감당을 누가 하느냐고 말이지요.

이것은 철저히 어른 중심의 생각입니다. 사정은 부모 입장에서야 이해할 만한 것이지 아이는 이해할 수 없습니다. 아이와 함께 가기로 한 여행은 아이와의 약속이고 이걸 어긴 것은 부모의 잘못입니다. 피치 못할 사정이 생긴다면 당연히 아이에게 용서를 구하고, 억울하겠지만 상응하는 대가를 치러야 합니다. 만약 아이가 아니라 다른 어른과 약속했는데 그 약속을 어기게 된다면 어떨까요? 당연히 미안한 마음이 들고 미안함을 최대한 표현할 겁니다. 아이에게도 그렇게 하면 됩니다. 처음부터 못 지킬 것처럼 걱정하는 것보다 어떻게 하면 약속을 지킬지 성실하게 고민하는 편이 낫습니다.

내 아이의 심장이 두근거리는 여행법

그럼 어떻게 해야 아이들이 여행을 기대하게 할 수 있을까요? 여러 방법이 있습니다. 우선 아이와 함께 여행과 관련된 아이디어 회의 시간을 가져보세요. 회의를 하기 전 여행지에 대한 조사를 미리 해두면 아이디어를 내는 데 도움이 됩니다. 회의는 한 번에 끝내지 말고 짧게 자주 하는 편이 좋지요. 집중력이 약한 아이에게 장시간 회의는 괴롭거든요. 10분만 하더라도 짧고 명확하게 하고 막히면 다음 회의로 넘깁니다.

만약 아이가 어떤 아이디어를 제안한다면? 그 아이디어 자체를 두고 평가할 필요는 없습니다. 이건 이래서 안 되고, 저건 저래서 안 된다고만 하면 누구라도 말하기 싫어집니다. 아이디어는 말 그대로 아이디어일 뿐입니다. 최대한 신선하고 재미있는 아이디어가 많이 나오게 격려해주세요.

나온 아이디어는 큰 종이에 적어둡니다. 부모가 낸 아이디어는 아이가 선택하도록 하고, 아이가 낸 아이디어는 부모가 선택하도록 해 가장 좋은 걸 몇 개 골라보세요. 이렇게 서로 선택하는 이유는 아이디어를 낼 때 상대방의 입장도 배려하게 하기 위해서지요.

여기서 중요한 것은 현실성 없는 아이디어만 가득하더라도, 아이가 낸 아이디어는 꼭 선택해줘야 한다는 겁니다. 아이는 자기가 제안한 아이디어가 선택되면 기대를 합니다. 아이디어를 말하면서 들뜨게 되고, 실현되면 어떨까 상상하면서 설렙니다. 너무 현실성을 따지지 맙시다. 실행은 아이가 할 테고, 실패한다고 해도 좋은 경험으로 남을 테니까요.

여행지와 관련된 재미있는 이야기를 알아보거나, 관련 영화를 함께 보는 것도 좋은 방법입니다. 이 방법은 여건이 허락될 때 활용하는 게 좋습니다. 괜히 없는 이야기를 짜내거나 지루한 영화를 보고 나면 기대감은커녕 되레 시들해지거든요.

아이 눈높이에서 볼 때 재미난 이야기가 있다면 맛깔나게 들려주세요. 대체로 어린아이에게 좋은 방법입니다. 흔히 말하는 스토리텔링이 바로 '이야기하기'지요. 그냥 이야기만 하기보다는 몸동작도 함께 취하며 최대한 실감 나게 말해봅시다.

이때 활용할 수 있는 비법이 하나 있는데 조선 시대 전기수(고전소설을 직업적으로 낭독했던 이야기꾼)들이 주로 사용했던 방법입니다. 이들은 장터에 사람들을 모아놓고 재미있게 이야기를 하다가 결정적으로 중요한 부분이 나오면 말을 잠시 끊고 뜸을 들입니다. 애타는 청중들은 돈을 던져주며 계속하길 재촉합니다. 내 아이에게도 한참 이야기하다 한 번쯤 뜸을 들이는 시간을 가져보세요. 이야기가 길어서 내일 해준다고 하면 아이가 돈을 던져주진 않겠지만 기대감을 높이는 데 효과적입니다.

아이가 좀 커서 이야기 같은 것은 지루해한다면 재밌는 영화를 골라봅시다. 영화를 보기 전 제목으로 무슨 내용일까 상상해보세요. 미리 영화에 나오는 여행지를 퀴즈처럼 내보는 것도 괜찮은 방법입니다. 그런데 영화 보기를 공부처럼 여기게 하면 안 됩니다. 목적은 어디까지나 기대를 하게 하는 거니까요. 즐겁게 보면 되고 분위기가 별로면 안 보는 편이 나을 때도 있습니다.

여행에 설렘과 기대감을 갖게 하는 방법으로 D-day를 세면서 가상여행을 떠나는 방법도 있습니다. 집에 잘 보이는 알림판 같은 게 있나요? '여행 떠나기 D-10' 이런 식으로 크게 적어보세요. 하루하루 다가오는 것이 눈에 보이면 아이의 마음을 설레게 할 수 있습니다. 날마다 조금씩 가상 여행을 떠나면 더 좋지요.

예를 들어 D-day가 10일 정도 남았을 때 "오늘이 여행 가는 날이라고 생각하고 지금부터 시작해볼까?" 하고 상상해보는 겁니다. 실제 여행 가기 전에 상상으로 가상 여행을 하면 여행이 더 기대됩니다. 어른 입장에서야 '유치하게 이런 거 한다고 도움이 되겠어?'라고 생각하기 쉽지만 아이들은 상상력이 뛰어납니다. 상상만으로도 울고 웃을 수 있고 어디든 다녀올 수 있지요. 그냥 앉아서 상상하는 것보다는 몸을 움직이면서 이 방 저 방을 옮겨 다니며 여행해보세요. 그래야 실감 나는 여행이 됩니다. 가상 여행도 한 번에 끝내지 말고 매일 5~10분만 즐겁게 하면 충분히 기대감을 높일 수 있습니다.

아이와 함께하는 여행에서 가장 주의할 점은 흉내만 내는 여행을 해서는 안 된다는 점입니다. 귀찮으니까 남들 가는 것처럼 갔다 오면 되겠지 생각하면 아이는 '여행이란 이렇게 지겨운 거구나' 하면서 여행 자체를 싫어하게 됩니다. '여행 가서 고생만 하고 오느니 차라리 집에서 편하게 노는 게 좋아!' 하고 생각할 수밖에 없지요. 여행을 떠나기 전 부모도 아이도 진정으로 설레고 기대하는 마음으로 준비할 필요가 있습니다.

부모가 아이를 위해 희생한다고만 생각하지 마세요. 함께 여행을 떠나면서 동행하는 부모도 설레고 즐거운 여행이 되어야 아이도 흥이 납니다. 내 아이를 사랑하는 만큼 아이와 함께 가는 여행도 사랑하는 마음으로 시작합시다. 두근대는 부모의 마음이 아이에게도 전해지면 정말 행복한 여행이 됩니다.

쉽고 간단하게 여행 계획 세우는 법

여행을 계획하다 보면 설레지요. 그런데 계획 세우기가 너무 힘들어 지치는 경우도 있습니다. 빨리 끝내고 싶은데 잘 안 됩니다. 생각보다 시간이 오래 걸립니다. 우리는 보통 여행을 계획할 때 단번에 체계화된 형식에 따라 일정표를 작성하려고 합니다. 하지만 처음부터 이런 방식으로 계획을 세우면 막막하기 짝이 없습니다. 여유가 있다면 다음과 같은 방법으로 계획해보세요. 기대감도 높이고 계획도 손쉽게 짤 수 있습니다.

우선 눈에 가장 잘 보이는 곳, 자주 접할 수 있는 장소에 큰 종이를 붙여두세요. 그리고 그 종이에 '누구와 떠나는 ○○여행'이라는 제목을 답니다. 여행의 이유와 목적도 간략하게 적어두면 좋습니다. 그 아래에는 빈 공간을 충분히 두세요. 여행과 관련된 아이디어나 정보들을 수집해서 포스트잇 같은 메모지로 붙일 수 있게 합니다. 생각날 때마다 하나씩 붙여보세요. 어떤 아이디어나 정보도 좋습니다. 이렇게 자료들을 모아 계획을 세우면 생각보다 빨리 손쉽게 해낼 수 있습니다. 물론 이 모든 과정에 아이가 함께해야겠죠?

계획을 세우는 데 참여한 아이와 이미 세워져 있는 계획대로 따라가는 아이는 여행에 임하는 태도부터 다릅니다. 잊지 마세요. 이번 여행은 아이를 '데리고' 떠나는 여행이 아니라 아이와 '함께' 떠나는 여행이라는 걸.

네 번째 원칙
스스로 지키는 여행

새삼스러운 질문이지만 아이와 함께 여행을 떠날 때 가장 중요한 것은 무엇일까요? 두말할 것 없이 '안전'입니다. 아무리 좋은 여행도 위험천만하다면 아이와 함께하기 어렵습니다. 세월호 사고 이후 그 어느 때보다 안전에 대한 관심이 높아졌습니다. 특히 아이들이 참여하는 체험학습이나 수학여행이 안전하게 진행될 수 있게 대책을 마련해야 한다는 사회적 분위기가 만들어졌지요. 그럼 아이와 함께 안전한 여행을 하기 위해선 어떻게 해야 할까요?

아이와 함께 떠나는 여행에서 지켜야 할 네 번째 원칙은 '스스로 지키는 여행'입니다.

먼저 시작해야 할 것은 근본적인 안전의식의 변화입니다. 아이와 어른 모두 안전에 대한 의식 자체가 달라져야 합니다. 아이 스스로 자신을 지킬 수 있게 이끌어야 하고, 무엇보다 중요한 것은 아이를 키우는 부모의 안전의식입니다.

우리나라 부모들의 안전의식은 대체로 양극단을 달립니다. 안전에 너무 무관심하거나 반대로 안전 걱정에 너무 초조해 하고 불안해합니다. 부모의 안전의식은 아이들에게 고스란히 전해집니다.

어떤 부모는 아이에게 빨간 불에는 절대 건너면 안 된다고 가르치면서, 정작 바쁘거나 보는 사람이 없을 땐 아이의 손을 잡고 뛰어 건넙니다. 아이는 이의를 제기하지만 보통 제대로 된 설명 없이 넘어가는 경우가 많지요. 그럼 아이는 '빨간 불은 차 없을 땐 지킬 필요가 없는 신호구나'라고 생각하고 무단횡단을 당연시합니다. 실제로 무단횡단 사고는 어린이 교통사고의 50%, 전체 교통사고의 25% 이상을 차지할 정도로 자주 일어납니다.

반면 안전 걱정에 너무 불안해하는 부모는 중학생이 된 아이가 횡단보도 건너는 것조차 반드시 부모와 함께해야 한다고 가르치기도 합니다. 이렇게 자란 아이는 혼자서 횡단보도도 건너기 힘듭니다. 건널 수 있다고 해도 아이는 부모의 불안감을 그대로 전달받기에 항상 불안해합니다.

이렇게 부모의 안전의식이 양극단을 달리는 이유는 본인도 안전에 대해 잘 모르기 때문입니다. 그저 살아온 경험에 비추어볼 때 이런 것은 위험하니 아이에게 하지 말라고 합니다. "하지 마!"라는 말만으로는 설득력이 없습니다. 왜 하면 안 되고 만약 하다가 사고가 벌어졌을 때는 어떻게 해야 하는지 알려주고 실습해야 합니다. 그런데 부모도 잘 모르니 더 이상 길게 이야기하지 않거나 "학교에서 뭐 배웠니?" 하고 아이에게 책임을 떠넘기게 됩니다.

일단 부모들을 위한 안전교육부터 시작하면 좋겠습니다. 독일은 시민보호국 산하 시민보호아카데미를 통해 450가지의 교육 과정을 마련해 시민들이 참여할 수 있게 해놓았습니다. 우리나라도 다양한 교육 과정을 마련해 부모가 적극적으로 참여하도록 유도하면 좋지 않을까요?

현재 안전과 관련된 교육을 받을 수 있는 곳은 대한적십자사와 재난안전교육포털이 있으며 개인은 어린이안전교육관에서, 단체는 사단법인 한국생활안전연합에서 부모와 아이 모두 교육받을 수 있습니다. 직접 교육받는 것이 힘들다면 관련 서적을 찾거나 TV 프로그램을 통해서라도 배워보세요. 부모가 안전에 대해 확실히 이해해 아이에게 적절한 안전교육을 할 수 있다면, 아이들의 안전의식도 크게 달라집니다.

아이가 어릴 때는 부모가 아이의 안전을 책임질 수 있지만, 아이는 크면서 점점 부모를 벗어나려 합니다. 부모가 생각하는 것보다 훨씬 더 빨리 적극적으로. 언제까지고 아이의 방패막이가 되어줄 순 없습니다. 그렇다면 지금부터라도 아이가 스스로를 지킬 수 있게 교육하는 게 좋지 않을까요? 아이가 스스로 자신을 지킬 수만 있다면, 그 어떤 유능한 안전요원이 함께 가는 것보다 안전한 여행이 됩니다.

여행은 안전교육을 하기에 가장 좋은 기회

어떻게 해야 스스로 지킬 수 있게 이끌 수 있을까요? 여행하면서 겪을 수 있는 사고는 정말 다양합니다. 아이가 이런 사고로부터 자신을 지키도록 하는 것은 하루아침에 가능한 일이 아닙니다. 장기간 계획을 세워 꾸준히 교육해야 합니다. 그렇다고 포기할 일도 아닙니다. '우리 아이에게는 그런 일 절대 없을 거야'라고 막연히 기대하는 부모의 바람과 달리 언젠가는 겪을지도 모릅니다. 시간과 노력이 많이 들고 어렵겠지만 사고를 당하는 것보다는 낫지 않을까요?

먼저 처음부터 모든 사고에 대비해 한 방에 끝내자는 마음보다 여행 갈 때마다 하나씩 차근차근 교육한다는 마음으로 계획을 세워봅시다. 예를 들어 이번 여름에 동해안의 해수욕장으로 가족여행을 간다면 물놀이 안전교육을 하기에 가장 좋은 기회입니다. 서울이나 부산 같은 대도시로 배낭여행을 간다면 교통, 시설물 안전교육을 하기에 좋지요. 일본처럼 지진이나 해일이 자주 발생하는 나라로 해외여행을 간다면 자연재해와 관련된 안전교육을 계획할 수도 있습니다.

이렇게 여행지, 여행 방법에 따라 적절한 안전교육을 시작한다면 집이나 교실에서 가만히 앉아 배우는 안전교육보다 훨씬 효과적입니다.

여행을 계획할 때 미리 안전교육을 위한 시간을 일정에 꼭 넣어보세요. 다만 교육한다고 너무 욕심을 내면 안전교육하느라 시간을 너무 많이 보내 여행 자체를 엉망으로 만들 수도 있습니다. 안전에 관한 이론적인 부분은 여행 가기 전에 미리 아이와 함께 알아보세요. 구급약을 준비하거나 응급 상황 시 연락 가능한 병원, 구조대 연락처를 알아보는 것도 미리 해두세요. 여행지에선 정말 필요한 사고 예방법, 사고가 발생하는 상황, 상황별 대처 요령 등을 짧고 굵게 알려주면 됩니다.

이 중 가장 중요한 것은 '상황별 대처 요령'입니다. 사고는 최대한 예방하는 게 좋습니다. 하지만 여행을 하다 보면 어쩔 수 없이 일어나 피해갈 수 없는 사고도 종종 있습니다. 그러니 그런 상황이 닥쳤을 때 무엇을 먼저 생각해야 하고, 어떻게 행동해야 하는지 반드시 알려줘야 합니다. 상황별 대처 요령은 국가재난정보센터, 소방방재청 홈페이지에서 자세히 알아볼 수 있습니다.

상황별 대처 요령은 말로 설명하는 것보다 상황을 가정해 실습하는 게 훨씬 재미있고 아이에게도 도움이 됩니다. 부모와 아이가 놀이하듯이 역할을 나눠 실습해보세요. 특히 어린아이를 교육할 때는 꼭 실습으로 익히는 게 좋습니다.

안전교육을 제대로 하려면 부모부터 안전교육을 받아야 합니다. 만약 시간이 없다면 집에서 온라인으로 안전교육을 받는 방법도 있습니다. 재난안전교육포털에 가면 온라인 안전교육이 가능합니다. 요즘은 안전 관련 정보를 담은 스마트폰 앱도 있으니 미리 다운받아 참고해보세요. 대표적인 앱으로 소방방재청에서 만든 재난안전정보 포털 앱 〈안전디

딤돌〉이 있습니다. 해외여행의 경우 외교부에서 만든 〈해외안전여행〉이라는 앱이 유용하지요.

방법이야 의지만 있다면 어떤 식으로든 찾을 수 있습니다. 중요한 것은 안전교육을 장기적인 안목으로 하나씩 꾸준히 실천해나가는 행동입니다. 안전교육을 뒤로 한 채 아이와 함께 여행한다는 것은 언제 터질지 모르는 폭탄을 가지고 다니는 것과 같습니다. 폭탄이 터지고 나서 후회하기보다는 내 아이가 스스로 자신을 지켜낼 수 있게 해 미리 폭탄을 없애는 게 좋겠지요?

만약 아이가 부모에게서 독립해나가려 하는 시기라면 안전교육의 주도권을 아이에게 넘겨주세요. 앞에서 이야기한 것과는 달리 반대로 하자는 겁니다. 아이가 먼저 안전교육을 받고 옵니다. 그리고 여행지에서 직접 부모나 동생에게 안전교육을 하는 선생님이 되도록 하는 거지요. 이렇게 하면 부모도 수고를 덜고 아이도 일방적으로 교육받는 입장이 아니라 누군가를 가르치는 입장이 되기 때문에 더 열성적으로 임하게 됩니다.

스위스에서는 학교의 상급생이 하급생들의 등하교 안전 지도를 맡아서 합니다. 그러다 보니 상급생들은 하급생들에게 안전에서만큼은 모범적인 모습을 보여줍니다. 이런 환경에서 학교에 다닌 하급생들이 진학해 상급생이 되면 모범을 보일 수밖에 없지요. 아이들끼리 스스로 모범을 보이는 구조를 만들면 효과적인 안전교육이 가능합니다. 집에 아이가 여럿 있다면 이런 구조를 만들어보세요.

아이가 혼자라면 부모가 대신해 아이에게 모범을 보일 기회를 주는 게 좋습니다. 아이마다 다르지만 어떤 아이는 자기 자신의 안전뿐만 아니라, 우리 가족의 안전까지도 자기가 책임지겠다고 나서기도 합니다. 아이와 함께 여행을 떠나기 전에 우리 아이를 '안전한 여행을 위한 안전요원'으로 임명해봅시다. 이 열정 가득한 안전요원과 똑똑한 부모가 서로 힘을 모은다면 아마 세상에서 가장 안전한 여행을 다녀올 수 있을 겁니다. 파이팅!

안전은 체험으로 배워야 한다

안전에 관심이 높아지면서 안전체험관이 곳곳에 생기고 있습니다. 주말에 아이를 데리고 들리면 안전교육에 도움이 되겠지요? 몇 군데 소개해봅니다.

	홈페이지	전화번호
안전행정부 비상대비체험관	blog.naver.com/e_safety	02-4709-3225
서울시민안전체험관	safe119.seoul.go.kr	보라매 02-2027-4100
		광나루 02-2049-4061
대구 시민안전테마파크	safe119.daegu.go.kr	053-980-7777
부산스포원파크 재난안전체험관	www.spo1.or.kr	1577-0880
태백365세이프타운	www.365safetown.com	033-550-3101
전북119안전체험관	Safe119.sobang.kr	063-290-5676
충북도민안전체험관	safe.cb119.net	041-234-2387

안전체험관은 대부분 인터넷으로 예약을 해야 합니다. 미리 홈페이지를 들려보세요.

다섯 번째 원칙
낯섦에 도전하는 여행

우리 아이들은 지금 어떻게 살고 있나요? 매일 아침 눈을 뜨면 책가방을 메고 학교로 향합니다. 학교를 마치면 교문 앞에 대기하고 있는 학원 차를 타고 학원 뺑뺑이를 시작합니다. 이 학원, 저 학원을 마치고 집에 돌아오면 밤입니다. 좀 쉬려고 TV나 컴퓨터라도 켜면 엄마의 잔소리가 들려옵니다. 밀린 숙제를 끝내고 잠이 들면 다음 날 아침입니다. 책가방을 메고 학교로 향합니다. 물론 대한민국의 모든 아이들이 이렇게 살고 있진 않겠지만, 생각보다 많은 아이가 팍팍한 삶을 살고 있습니다.

우리 아이들에게 '도전'이란 휴대폰 게임에서 더 높은 레벨을 얻는 것이고, 그게 아니라면 TV 예능 프로그램 이름 정도로 여깁니다. 혹시 내 아이가 이와 같다면 부모도 아이도 떠나야 합니다. 하루하루의 반복으로부터, 단 한 번도 용서할 수 없는 습관으로부터 완전히 떠나 낯선 곳으로 여행을 시작해보세요.

아이와 함께 떠나는 여행에서 지켜야 할 다섯 번째 원칙은 '낯섦에 도전하는 여행'입니다.

나이가 어린 아기나 유아들은 부모의 보살핌이 필요합니다. 보살핌을 통해 부모와 아이는 서로에 대한 사랑과 신뢰를 확인합니다. 앞으로 살아가는 데 필요한 정서적인 토대를 만듭니다. 하지만 아이가 학교에 다니고, 부모에게서 독립하려는 시기가 된다면? 보살핌보다는 오히려 새로운 환경으로 내몰아야 합니다. 내 아이를 보살펴야 한다는 의무감에 아이가 처한 모든 문제를 해결해주면 어떻게 될까요? 아이는 그만큼 할 줄 아는 게 없어집니다.

아이가 스스로 자신이 처한 문제를 해결하고, 새로운 환경에 적응해나가야 세상을 살아가는 힘을 얻을 수 있습니다. 문제를 해결하고 적응해나가는 능력은 경험하지 못했던 일에 도전해 성공하거나 실패하면서 생깁니다. 성공을 통해 성취감과 재미를 얻습니다. 실패를 통해 살아가는 요령을 터득합니다. 결과가 어떻든 도전은 아이의 세계를 넓혀주고 성장으로 이끌어줍니다. 그러나 도전의 기회가 없다면 성공도 실패도 없습니다. 그저 지루한 일상의 반복만 있을 뿐이지요.

요즘 아이들이 컴퓨터나 휴대폰 게임에 쉽게 중독되는 이유는 무엇일까요? 주변을 둘러봐도 새롭거나 재미있을 만한 도전 거리가 없기 때문입니다. 그러니 삶 자체가 재미없지요. 에너지는 넘치는데 도전 거리가 없습니다. 이때 '게임'이라는 구세주가 나타납니다. 게임은 아이를 즐거운 도전의 세계로 안내해줍니다. 처음엔 쉽게 시작하고 점점 어려워지면서 아이들의 도전의식을 자극하지요. 아이는 마법처럼 빨려 들어갑니다. 편하게 앉아 성취감과 재미도 얻고 실력이 늘면 친구들에게 인정까지 받습니다. 게임에 빠질 수밖에 없습니다. 하지만 부모의 표정은 일그러집니다. 그럼 어떻게 해야 할까요?

1. 동원 가능한 모든 잔소리를 구사해 아이가 대꾸하지 못하도록 한 다음 게임 금지령을 내린다.

2. 게임이 가능한 모든 컴퓨터와 휴대폰을 빼앗아 아예 원천봉쇄한다.

3. 게임을 금지하되 하루에 몇 시간 또는 일주일에 몇 시간 동안만 허용해주는 조약을 체결한다.

4. 게임을 하든 도박을 하든 신경 쓰지 않는다.

5. 부모도 아이와 함께 게임을 한다.

정답은? 없습니다. 무엇을 선택하든 그것이 정답일 수는 없습니다. 하지만 굳이 선택을 강요한다면 저는 5번을 고를 겁니다. 금지한다고 아이들이 정말 게임을 못 하게 될까요? 제 경험상 아이들은 어떤 식으로든 게임을 하고야 맙니다. 오히려 금지된 행위를 몰래 한다는 쾌감에 더욱더 몰두합니다. 그럴 바엔 차라리 같이하면서 게임을 적당히 즐길 수 있게 도와주는 편이 낫습니다.

사실 이 문제는 질문 자체를 바꿔야 해결의 실마리가 나옵니다. 아이들은 왜 게임에 빠지는 걸까요? 문제의 원인은 도전 거리가 없는 지루한 일상으로부터 시작됩니다. 아이 주변에 게임보다 새롭고 즐거운 도전 거리가 나타난다면 어떨까요? 굳이 부모의 탄압을 받으면서까지 게임에 집착하는 일은 없을 겁니다. 물론 게임으로 인해 한참 높아진 아이들의 눈높이에 맞추려면 사소한 도전 거리로는 어림도 없지요. 게임보다 더 재미있으려면 게임보다 한층 더 업그레이드된 조건을 갖춰야 합니다.

1. 몸을 직접 움직여 수행해야 한다.
2. 가짜가 아니라 진짜로 낯선 환경에서 진행되어야 한다.
3. 앞으로 무슨 일이 일어날지 알 수 없어야 한다.
4. 도전을 마치면 뿌듯한 보상이 주어져야 한다.
5. 도전 과제가 명확해야 한다.
6. 단번에 쉽게 해낼 수 없는 것이어야 한다.
7. 더불어 누군가와 힘을 모아 해낼 수 있으면 더 좋다.
8. 아이가 주인공이어야 한다.

이 조건을 만족하는 가장 적합한 도전 거리는 뭘까요? 더 좋은 게 있을지도 모르지만 제가 생각하는 답은 '낯섦에 도전하는 여행'입니다. 여행이야말로 몸을 직접 움직여야 가능합니다. 끊임없이 낯선 환경과 마주치고, 무슨 일이 일어날지 예측하기 어려운 것이 여행이지요. 힘들고 어려운 여행일수록 해냈을 때 더 뿌듯한 성취감이 보상으로 주어집니다. 대체로 가고자 하는 목적지도 명확하고, 초보자는 쉽게 해낼 수 없습니다. 가족이든 친구든 누군가와 함께 힘을 모아 해낼 수 있습니다. 부모가 동의만 한다면 아이가 주인공으로 나설 수도 있지요.

그런데 왜 하필 낯섦에 도전하는 여행일까요? '낯설다'라는 말은 '익숙하지 않다'는 뜻입니다. 처음 보는 새로운 대상을 접할 때 우리는 낯설다고 말합니다. 영국 칼리지 런던대 연구팀은 사람이 모험이나 낯선 물건과 같이 새로운 것을 접할 때 뇌 영상을 촬영해보았다고 합니다. 그 결과 정서적인 반응에 관여하는 전방배쪽선조(anterior ventral striatum)라는 뇌 영역이 더욱 활성화되는 걸 발견했지요.

또 뇌의 이 부분이 활성화되면 사람을 행복하게 해주는 호르몬인 도파민의 분비가 늘어난다는 사실을 밝혀냈습니다. 도파민은 어떤 상황을 충분히 알고 있거나, 예측이 가능한 상태에서는 분비되지 않습니다. 결국 낯선 것이 가지는 새로움이 사람의 행복과 연결되는 겁니다. 낯섦에 도전하는 여행이야말로 행복한 여행을 위한 조건이라고 할 수 있겠죠?

우리는 낯선 곳으로 여행을 가면서도, 익숙하지 않아 두렵거나 힘들 만한 일은 피하려는 경향이 있습니다. 예를 들어 해외에서 지도를 들고 목적지를 찾아간다고 생각해봅시다. 당최 방향을 잡지 못하고 있다면 주변 사람에게 물어보는 것이 가장 빠른 방법입니다. 하지만 현지인에게 말을 거는 게 두려워 끝까지 지도를 고집하기도 합니다. 힘들게 찾아가는 거야 길 찾는 사람의 마음이지만, 낯선 사람과의 대화를 피하는 방식으로는 그 낯섦을 극복할 수 없습니다. 정면 돌파해야 하지요.

특히 아이와 함께하는 여행에선 부모가 문제 상황에 어떻게 대응하느냐에 따라 아이들의 대응 방법도 달라집니다. 아이는 낯선 환경을 대하는 부모의 모습을 보고 대응 방법을 배웁니다. 부모가 낯선 것들을 정면 돌파하는 모습을 보이면 아이도 그렇게 상황을 해결하려 합니다. 그렇다고 길 하나 찾으려고 그 나라 언어까지 애써 공부할 필요는 없습니다. 길을 묻는 것은 간단한 영어 단어만으로도 충분히 가능합니다.

중요한 것은 문제 해결 방식입니다. 몇 번의 시범을 보이고 나서 아이에게 기회를 줍시다. 아이에게 길을 묻게 하고, 과감하게 떨어져 있어 보세요. 옆에 붙어 있으면 곤란한 상황이 닥쳤을 때 해결해달라고 할 게 뻔합니다. 되도록 도와주지 말고 스스로 해결하게 해야 합니다. 우선 완전한 기회를 주고, 도저히 해결되지 않는다면 그때 나서도록 하세요.

저는 방학 때마다 아이들과 해외 배낭여행을 갑니다. 아이들에게 직접 길을 묻게 하면 처음엔 머뭇거리기도 하고 갖가지 핑계를 동원해 하지 않으려 애쓰지요. 하지만 한 번 두 번 경험이 쌓이니까 금방 자신감이 붙습니다. 좀 더 익숙해지면 오히려 '어디 더 물어볼 사람 없나?' 하고 찾아다니기까지 합니다. 어떤 아이는 길을 묻다 그 사람과 대화가 길어지면서 깔깔거리며 농담까지 주고받습니다. 낯선 환경에 도전할 만한 여건만 주어진다면, 아이들은 충분히 해낼 수 있습니다. 그 활동에서 성취감과 재미까지 느낍니다.

낯선 것은 처음에는 두려운 존재입니다. 하지만 작은 용기라도 내어 그것을 익숙한 것으로 바꾼다면 충분히 즐길 수 있는 대상이 됩니다. '낯섦을 극복하고 즐기는 것'이 바로 낯섦에 도전하는 여행자의 자세입니다.

괜찮아, 어렵지 않아

낯선 사람에게 길을 묻고 낯선 곳을 여행하는 것이 쉽진 않습니다. 무조건 등 떠민다고 가능한 일도 아니죠. 조금씩 단계를 밟아나갈 필요가 있습니다. 처음엔 몇 번 시범을 보이세요. 그다음 요령을 알려주세요. 눈을 마주치고 인사하고 자신 있게 말하라고 말이지요. 해보고 별로 어려운 일이 아니라는 걸 알게 되면 금방 자신감이 붙습니다.

할 수 있는데도 핑계 대면서 피한다면 할 수밖에 없는 상황을 만들어보세요. 화장실이 급한 아이가 다급한 표정으로 화장실이 어디 있냐고 묻는다면, 저기 저 사람한테 가서 물어보라고 하세요. 급하면 다 합니다. 별로 어렵지 않음을 체험하면 그다음은 훨씬 쉽게 도전할 수 있습니다.

여섯 번째 원칙
시련을 이겨내는 여행

빅터 프랭클이라는 사람을 들어본 적이 있나요? 그는 '죽음의 수용소에서'라는 섬뜩한 제목의 책에 이런 내용의 글을 남겼습니다.

삶에 의미가 있다면 그것은 시련이 주는 의미이다. 시련은 운명과 죽음처럼 삶의 빼놓을 수 없는 한 부분이다. 시련과 죽음 없이 인간의 삶은 완성될 수 없다. 시련은 우리의 삶을 완성시키는 최고의 동반자이다.

오늘날 유명한 신경정신과 의사로 알려져 있는 그는 제2차 세계대전 당시 나치가 독일을 지배하던 때에 살았던 유대인입니다. 오로지 유대인이라는 이유만으로 아우슈비츠 강제수용소로 끌려갔지요. 거기서 3년 동안 지옥 같은 생활을 겪었습니다. 수용소로 끌려간 유대인 가운데 대부분은 가짜 목욕탕에서 독가스로 학살당했습니다. 살아남은 사람들도 날마다 굶주림과 극심한 노동에 시달렸지요. 언제 끝날지 모르는 절망적인 상황을 견디다 못해 자살하는 사람도 많았습니다.

하지만 빅터 프랭클은 그 속에서도 희망을 잃지 않았습니다. 오히려 자살을 생각하는 동료들을 위로하고 희망을 품을 수 있게 도왔습니다. 모두가 그 상황 속에서 절망을 느낄 때 그는 고통과 시련을 통해 인생의 의미를 찾아 나갔습니다. 결국 그는 마지막까지 살아남았고, 자신의 경험을 책으로 써 세상에 알렸습니다.

그는 책에서 "살아 있다는 것은 고통이다. 그러나 고통 속에서 의미를 찾는 것이 곧 살아 있는 것이다"라고 이야기했지요. 그리고 "인생에서 의미를 발견한 사람은 어떤 힘든 일들도 이겨낼 수 있다"고 했습니다. 고통과 시련을 통해 얻은 인생의 의미는 사람을 단단하게 만듭니다.

아이와 함께 떠나는 여행에서 지켜야 할 여섯 번째 원칙은 '시련을 이겨내는 여행'입니다.

물론 편하고 쉬운 여행을 다녀온다고 무슨 큰일이 나는 것은 아닙니다. 어떤 여행을 다녀오든 그건 자유입니다. 하지만 이왕 아이와 함께한다면 아이를 성장시킬 만한 여행을 다녀오는 게 좋겠죠? 똑같은 곳으로 여행을 다녀오더라도 어떻게 여행했는가에 따라 여행이 지니는 의미는 완전히 달라집니다.

인간은 본능적으로 슬픔이나 괴로움, 어려움처럼 우리의 몸과 마음에 충격을 주는 것들을 더 잘 기억해 다음에는 그런 일들을 겪지 않으려 노력합니다. 슬픔, 괴로움, 어려움을 이겨내는 과정을 통해 적절한 대처 방법을 배우고, 다음엔 더 빠르고 능동적으로 대응할 수 있게 성장합니다. 그러니 인간의 성장은 시련을 이겨내면서 시작된다고 할 수 있지요.

이 사실은 아이 교육에서 매우 중요한 부분입니다. 요즘 아이들은 어려움 없이 자라고 누릴 건 다 누리면서 큽니다. 그러다 청소년이 되면 학교생활과 학원 순례에 갇혀 지내는 현실을 감당하기 어려워합니다. '시련에 대한 면역력'이 형성되어 있지 않으니 어려움을 이겨내는 것보다 쉬운 도피를 선택하게 됩니다. 그래서 가출도 하고 순간적인 감정에 휩싸여 자살까지 떠올리지요.

이와는 반대로 너무 큰 시련으로 고통받는 경우도 있습니다. 갑작스레 가족을 잃는다거나, 부모와 주변 어른들에게 학대를 당한다거나, 학교 폭력에 시달리는 경우는 아이가 감당하기에는 너무 큰 시련입니다. 아이가 이겨낼 만한 적당한 시련이라면 성장의 발판이 될 수도 있습니다. 하지만 감당할 수 없는 시련에 짓눌리게 되면 결국 나쁜 결과를 낳습니다.

아이가 적당한 시련을 겪게 하는 것은 마치 예방주사를 맞는 것과 같습니다. 아이 스스로가 감당할 수 있을 만한 시련을 주어 '시련에 대한 면역력'을 높일 수 있게 교육해야 합니다. 이 면역력으로 진짜 시련에 대비하는 거지요.

여행이야말로 '시련에 대한 면역력'을 높이는 데 가장 적합하고 훌륭한 교육 방법이라고 생각합니다. 여행은 자연스럽게 여행자에게 시련을 선물합니다. 집 나가면 고생이라는 말이 있듯이 여행은 시작하는 순간부터 고생스럽습니다. '사서 하는 고생'이란 바로 여행을 두고 하는 말일 겁니다. 그러나 어디를 가든 사람 사는 곳으로 간다면, 어떻게든 이겨낼 만한 시련이 주어집니다. 어떤 여행자는 그런 시련을 기꺼이 받아들이고 즐기기까지 하지요. 물론 개인에 따라 다르고 상황에 따라 차이가 있습니다.

하지만 여행자는 본능적으로 여행이라는 게 마냥 편하지만은 않다는 사실을 알고 있습니다. 그런데도 지친 일상을 달래기 위해 다들 여행을 떠나는 걸 보면 여행의 시련이란 적당한 시련이요, 스스로 선택한 행복한 시련입니다.

다리 아프고 배고프면 알게 되는 것들

시련을 이겨내는 여행이란 어떤 여행일까요? 시련은 개인에 따라 다른 모습입니다. 어떤 사람에게는 오지는커녕 바로 이웃 동네에 놀러 가는 것도 시련일 수 있습니다. 또 어떤 사람에게는 정글 한복판을 헤집고 다니는 게 시련이 아닐 수도 있습니다. 내가 시련이라고 느끼면 시련이 됩니다. 하지만 아니라고 느끼면 아닌 거지요. 결국 시련은 내가 고생스럽다 느끼는 것, 내가 어렵다고 느끼는 걸 말합니다. 시련을 이겨내는 여행이란 이런 '나의 고생스러움', '나의 어려움'을 이겨내는 여행입니다. 이 점을 잘 기억해두면 시련을 좀 더 긍정적으로 받아들일 수 있습니다.

우리는 보통 여행 중에 어려움을 겪을 때마다 남 탓을 많이 합니다. 나 아닌 다른 사람 때문에 이렇게 되었다고 투덜대지요. 설마 나 때문에 이렇게 되었다고는 믿고 싶지 않습니다. 이를 두고 자기합리화라 하지요. '난 잘못 없다'는 겁니다. 그런데 대부분의 경우 내가 여행을 선택하고 길을 나서는 순간부터 일어나는 모든 시련은 '나의 고생스러움이자 나의 어려움'입니다.

시련의 원인을 찾아볼까요? 궁극적으로 이 여행은 내가 시작한 일이지요. 내가 시작하지 않았다면 여행을 통해 겪는 어떠한 시련도 없었을 겁니다. 원인은 나에게 있습니다.

그럼 책임은 어떨까요? 내가 이 여행을 선택했으니 당연히 책임져야지요. 책임도 나에게 있습니다. 내 삶을 책임지는 사람은 오로지 내가 되어야 합니다. 그래야 내 삶을 내 뜻대로 살아갈 수 있으니까요. 그럼 시련의 원인과 책임이 나에게 있으니 나 자신을 혼내야 하는 걸까요? 그럴 에너지가 있다면 지금 눈앞에 다가온 시련을 이겨내는 데 쓰는 게 좋겠습니다.

시련을 이겨내는 여행은 '시련이 나에게서 비롯되었다'는 것을 이해하는 데서 출발합니다. 그리고 그 상황을 긍정적으로 받아들여 이겨내는 과정까지 포함하지요. 시련 자체가 개인마다 다르므로 '반드시 이렇게 여행해야만 시련을 이겨내는 여행이다'라고 딱 잘라 말할 순 없습니다. 하지만 시련이 어디에서 온 것인지, 나는 어떻게 받아들이고 이겨내야 하는지는 명확하게 알아야 합니다. 이것을 알고 여행할 때 비로소 고생만 하다 오는 여행이 아니라 시련을 이겨내는 여행을 할 수 있습니다.

아이와 함께 여행할 때 시련을 어떤 자세로 받아들이는지는 매우 중요합니다. 아이들과 여행을 하다 보면 흔히 겪는 일 가운데 하나가 '죄인'이 되는 겁니다.

"이건 다 선생님 탓이에요!"
"엄마 때문에 이렇게 고생하잖아."
"아빠는 이런 것도 제대로 못 해?"

아이들은 여행 중에 지치거나 어려운 일을 겪게 되면 으레 함께하는 선생님이나 부모 탓을 합니다. 물론 어른들도 마찬가지입니다.

"너는 이것도 제대로 못 해서 나중에 어떻게 할래?"
"너 때문에 이게 무슨 고생이니?"

원망하는 모습이 희한하게도 아이와 어른 모두에게서 매우 자연스럽게 나옵니다. 이것은 그 누구의 잘못도 아닙니다. 그저 각자의 한계일 뿐입니다. 원망은 접어두고 이제 이 힘들고 어려운 상황을 어떻게 극복하느냐가 더 중요하지요. 이때 부모가 아이에게 어떤 모습을 보여주는가에 따라 상황이 갈립니다.

예를 들어 아이와 함께 무더운 여름날 도보 여행을 한다고 생각해봅시다. 불타는 길을 걷고 또 걸으니 분명 덥고 목마르고 다리 아프고 지칠 겁니다. 힘든 상황에서 다음 두 가지 가운데 하나를 선택해봅시다.

선택 1

이렇게 힘들고 짜증 나는 상황을 만든 원인 제공자를 찾아내 따지고, 할 수만 있다면 모든 책임을 그 사람에게 돌리자. 제발 이 상황이 빨리 끝나길 간절히 기도하자.

선택 2

여행을 시작할 때 이미 이 정도 어려움은 충분히 예상했다. 이런 경험은 어디서도 하기 힘든 값진 경험이니 내 아이와 내가 반드시 이겨낼 수 있게 힘을 북돋워 주자. 더 좋은 방법이 있는지 아이와 함께 고민해보고 끝나면 어떤 기분일지 상상해보자.

우리의 이성은 당연히 2번을 선택합니다. 그러나 실제로 상황이 닥치면 나도 모르게 1번을 선택할 확률이 높습니다. 아이와 함께 여행하는 나도 힘들기 때문이지요. 힘든 상황의 책임을 미루고 싶은 것은 인간의 당연한 본능입니다. 하지만 본능을 극복하고 2번을 선택하는 것이 곧 아이와 함께 '시련을 이겨내는 여행'을 하는 겁니다.

2번을 선택한다는 것은 단순히 어른스럽게 행동했다는 정도의 의미가 아닙니다. 힘들고 어려운 상황에서도 2번을 택하는 모습을 아이에게 행동으로 가르쳐줬다는 의미가 있습니다. 꾸준히 이런 모습을 보고 배운 아이에게 시련이란 충분히 이겨낼 만한 대상입니다. 시련이 끔찍했던 기억이 아니라 부모와 함께 고생해 해결했던 뿌듯한 추억으로 남습니다.

고생하고 나면 뭐가 남을까요? 고생스러운 여행의 상징과도 같은 것이 바로 배낭여행입니다. 제가 경험한 배낭여행도 정말 고생스러웠습니다. 방학 때 아이들과 함께 배낭여행을 떠나면 여행에 익숙한 선생님들도 여행 후반부가 되면 지칠 정도입니다. 그러니 아이들은 오죽할까요? 물론 아이들은 자고 나면 금방 체력이 되살아나는 신비한 능력이 있습니다.

하지만 그것도 하루 이틀이지 일주일 정도 지나고 나면 기차든 지하철이든 앉을 수 있는 곳은 어디든 주저앉습니다. 조금만 여유가 있으면 졸기 시작합니다. 게다가 유럽에선 물도 마음껏 마시기 어렵습니다. 화장실도 돈을 내야 이용할 수 있습니다. 온갖 일들이 다 일어납니다. 다리 아프고 졸리고 목마른 데다가 볼일까지 급한 4단 콤보 상황도 겪습니다.

하지만 여행을 마치고 나면 또 가고 싶다는 후기를 남깁니다. 실제로 많은 아이들이 배낭여행 하러 다시 오곤 합니다. 단지 고생만 한다면 또 오고 싶지는 않겠지요. 고생을 통해 배운 것이 있고, 여행이 자신에게 의미가 있었으니 다시 여행을 가려 합니다. 다음은 굴렁쇠 홈페이지에 남긴 한 아이의 후기 가운데 일부입니다.

굴렁쇠 여행 의미 있다고 생각하고 있음. 5학년 때 중국 갔었는데 여행사 패키지 상품으로 가이드 아저씨도 있고 그렇게 갔는데, 그때는 그게 제일 좋은 건 줄 알았지만 지나고 나니깐 그냥 어디 어디 갔었다 이것만 생각나지 이번처럼 여운을 많이 남겨주진 못했던 거 같음. 확실히 고생을 안 하고 여행을 했지만 별로 남는 게 없는 거 같아.ㅠㅠ
유럽에서 길 찾고 지하철 노선 연구하고 길 물을 때 쫌 힘든 점도 있었고 걸어 다니는 양도 만만치 않았는데, 그래도 이렇게 갔다 오고 나면 오랫동안 갔다 왔던 추억 간직할 수 있을걸? 쎄빠지게 고생한 거 못 잊어.ㅋㅋ 첨 보는 애들 이랑 첨 보는 쌤들이랑 많이많이 낯선데 그 먼 유럽까지 가서 다 같이 서로 묻고 도와주면서 지내고 부모님 없이 이렇게 가는 거 경험해보기 쪼끔 힘든 거잖아? 해보기 힘든 경험을 우린 해봤으니까 분명 우리가 앞으로 살아가는 데 도움이 될 수 있지 않을까? 여행의 주체는 우리라는 걸 확실하게 깨달을 수 있는 여행은 드물걸. 여행하면서 삶의 주체는 나라는 것도 알 수 있고 멀리 가서 많은 거 보고 새로운 사실도 알게 되고 느낄 수 있어서 좋은 여행이었다는 거. ㅎㅎㅎㅎ

글을 쓴 아이는 고등학생입니다. 이 아이에게 이번 배낭여행은 '쎄빠지게 고생한 여행'이었지요. 하지만 편안한 패키지여행보다 더 큰 여운을 남겼습니다. 고생스러웠기 때문에 더 큰 여운으로 남았습니다. 그리고 함께 갔던 아이들과 고생스러움을 같이 이겨내면서 깨달은 바와 느낀 점이 있었습니다. 특히 "여행하면서 삶의 주체는 나라는 것을 알 수 있었다"는 말은 여행을 통해 자기 자신에 대해 생각하게 되었다는 뜻이겠죠?

다케우치 히토시는 "여행을 하는 것이나 병에 걸리는 것, 이 둘의 공통점은 자기 자신을 되돌아본다는 점이다"라고 이야기했습니다. 병에 걸려 아플 때면 자신을 되돌아보게 되듯, 여행을 하면서 겪는 고생스러움은 자신을 돌아보게 하고 자신에 대해 생각하게 합니다. 내 주위에 있는 사람들과 일상의 고마움까지 함께 느끼게 하지요. 평소에 당연하다고 여기던 것과 얼마간 떨어져 지내다 보면 그것이 얼마나 고마운지 새삼 느끼게 됩니다.

늘 차 타고 다니고 배고픔이라고는 모르고 살아온 아이들이 하루 종일 다리 아프게 걷고 갈증과 배고픔을 느껴봤습니다. 이것만으로도 충분히 값진 경험이라 할 수 있겠죠? 고생스러운 상황을 견디고 이겨내 여행을 마치면 드디어 해냈다는 성취감도 얻습니다. 여기에 앞으로 뭐든지 할 수 있다는 자신감까지 보너스로 얻게 되지요. 그러니 아이와 함께 고생스러움과 시련을 이겨내는 여행을 하는 것은 충분히 의미 있는 일입니다. 자신을 되돌아보는 기회, 일상의 고마움, 해냈다는 성취감, 할 수 있다는 자신감. 이게 바로 고생스러운 여행이 남긴 유산입니다.

결핍을 통한 가치 체험

너무 편하고 쉽게 뭔가를 얻으면 그것이 주는 가치를 잊게 됩니다. 인간이 생존하는 데 꼭 필요한 거라면 공기, 물 같은 걸 들 수 있겠죠? 그런데 우리는 공기와 물을 너무 쉽게 얻습니다. 숨만 쉬면 공기를 마실 수 있고, 곳곳에 정수기가 있어 손쉽게 물을 마실 수 있지요. 만약 공기와 물이 없다면 어떻게 될까요? 죽습니다. 인류는 멸종할지도 모르고요. 물론 공기와 물이 중요하다는 것은 초등학생도 다 압니다. 하지만 결핍을 체험하지 못하면 그 가치를 잊고 살게 됩니다.

전 아버지가 일찍 돌아가셔서 아버지의 사랑이 늘 그리웠습니다. 아버지에게 혼나 투덜대는 친구들을 보면 '살아계실 때 잘해드려라'는 말이 목구멍까지 올라오곤 했지요. 그땐 그게 불행한 일이었지만 지금 생각해보면 그런 결핍이 저를 조금이라도 더 열심히 살게 한 것 같습니다.

아이에게 너무 편하고 쉽게 다 주려고만 하지 마세요. 심하면 안 되겠지만 어느 정도의 결핍은 꼭 필요합니다. 아이에게 남들만큼 못 해준다고 미안해할 필요도 없습니다. 대신 그런 결핍을 어떻게 받아들여야 하는지를 꼭 가르쳐주세요. 설명할 필요는 없습니다. 아이 앞에서 보여주면 됩니다. 오늘은 '물의 고마움을 느끼는 날'이라고 정하고 하루만 물 없이 살아보자고 해보세요. 그리고 아이 앞에서 "물이 이렇게 소중한 거였어!" 하고 외치세요. 물 없다고 나 죽겠네 하면 아이도 따라서 나 죽겠네 합니다. 결핍을 통한 가치 체험. 좋은 교육이 되리라 믿습니다.

최고의 엘리트 여행, 그랜드 투어

지금으로부터 약 300년 전 유럽, 특히 영국에서는 잘산다고 자부하는 상류 계층에서 유행하는 여행이 있었습니다. '그랜드 투어'라고 불리던 이 여행은 영국 상류 계층의 자녀들을 교육하기 위한 여행이었지요. 프랑스, 이탈리아 같은 곳을 돌아보며 상류 사회의 각종 예법과 언어, 역사와 문화를 체험하게 하는 여행이었습니다. 상류층 자녀를 위한 엘리트 교육인 셈이었지요.

그 당시 영국은 나라의 힘은 강했지만 문화적으로는 변방에 속했기에 프랑스나 이탈리아와 같은 고대의 문화유산이 남아 있는 나라로 자녀들을 여행보내기 시작했습니다.

이후 그랜드 투어는 다른 북유럽 국가에도 퍼져나갔습니다. 상류 계층에서는 그랜드 투어를 거쳐야만 귀족들 사이에 낄 수 있을 정도로 유행하게 되었지요. 여행이라고 해서 요즘 휴가철에 즐기는 일주일 정도의 여행을 생각하면 곤란합니다. 그랜드 투어는 이름 그대로 대단한 여행이었습니다. 짧게는 몇 달, 길게는 몇 년에 걸쳐 여행했으니까요.

일반적으로 가정교사 2명과 하인 2명 이상을 데리고 다녔습니다. 가정교사 1명은 주로 학문을 가르쳤고, 다른 1명은 승마, 펜싱, 춤 같은 활동을 가르쳤습니다. 토머스 홉스, 존 로크, 애덤 스미스 등 이디서 이름 정도는 들어봤음직한 뛰어난 인물들이 그 당시에 상류층 자녀들의 가정교사로 활동했습니다.

여행 코스는 대체로 프랑스에서 시작해 스위스를 거쳐 이탈리아로 이어지는 일정이었습니다. 로마를 끝으로 여행을 마무리하고 나면 왔던 길을 되돌아가거나 독일이나 네덜란드를 거쳐 영국으로 돌아가는 게 일반적이었습니다. 집으로 돌아갈 때는 이탈리아에서 그림이나 조각 같은 예술품을 사들여 기념품 삼아 가져가곤 했지요. 설혜심 교수의《그랜드 투어》에 따르면 그랜드 투어를 떠났던 벌링턴 백작은 돌아오는 길에 사들인 물건까지 합해 여행 가방이 무려 878개나 됐다고 합니다. 상상이 가시나요?

그랜드 투어 이야기에서 특별히 저의 관심을 끌었던 대목은 그랜드 투어가 시작된 배경이었습니다. 그 당시 영국인들이 여행을 통해 교육하게 된 배경에는 '공교육에 대한 불신'이 자리 잡고 있었습니다. 지금은 명문 대학으로 널리 알려진 케임브리지대학교와 옥스퍼드대학교는 당시에 진부한 교육 과정으로 많은 사람에게 비판받았습니다. 오죽했으면 영국의 국왕까지 나서서 새로운 교육 과정과 교수진을 만들라고 주문했을까요?

공교육에 대한 불신과 불만이 가득한 분위기에서 영국 상류층 부모들은 자녀를 대학에 입학시키느니 차라리 뛰어난 가정교사와 함께 여행을 보내 교육하는 게 더 낫다고 여겼습니다. 여행이 교육의 새로운 수단으로 떠오른 순간이었지요.

실제로 그랜드 투어를 다녀온 영국의 상류층 자제들은 영국 사회를 이끄는 지도층이 되었습니다. 물론 그랜드 투어를 다녀왔더라도 방탕한 생활을 하면서 몰락한 사람들도 있었지요. 하지만 새로운 세상을 만나고 그 속에서 공부할 기회를 얻는다는 것 자체가 인생에 큰 의미가 되었음은 분명합니다.

아이와
함께하는
여행을
풍요롭게
하는 약속

첫 번째 약속
스마트폰이 없다면
금상첨화다

- [ ] 스마트폰의 지나친 사용으로 학교 성적이나 업무능률이 떨어진다.
- [ ] 스마트폰을 사용하지 못하면 온 세상을 잃을 것 같은 생각이 든다.
- [ ] 스마트폰을 사용할 때 '그만해야지'라고 생각은 하면서도 계속한다.
- [ ] 스마트폰이 없으면 불안하다.
- [ ] 수시로 스마트폰을 사용하다가 지적을 받은 적이 있다.
- [ ] 가족이나 친구들과 함께 있는 것보다 스마트폰을 사용하고 있는 것이 더 즐겁다.
- [ ] 스마트폰 사용 시간을 줄이려고 해봤지만 실패했다.
- [ ] 스마트폰을 사용할 수 없게 된다면 견디기 힘들 것이다.
- [ ] 스마트폰을 너무 자주 또는 오래 한다고 가족이나 친구들로부터 불평을 들은 적이 있다.

스마트폰 사용에 많은 시간을 보낸다.

스마트폰이 옆에 없으면 하루 종일 일(공부)이 손에 안 잡힌다.

스마트폰을 사용하느라 지금 하고 있는 일(공부)에 집중이 안 된 적이 있다.

스마트폰 사용에 많은 시간을 보내는 것이 습관화되었다.

스마트폰이 없으면 안절부절못하고 초조해진다.

스마트폰 사용이 지금 하고 있는 일(공부)에 방해가 된다.

1점 - 전혀 그렇지 않다 / 2점 - 그렇지 않다 / 3점 - 그렇다 / 4점 - 매우 그렇다

출처 : 한국정보화진흥원 인터넷 중독 대응센터

스마트폰을 사용하시나요? 제 주변 사람들도 대부분 스마트폰을 가지고 다닙니다. 저는 어딜 가든 스마트폰은 꼭 챙깁니다. 화장실 갈 때는 거의 필수지요. 할 것도 없는데 스마트폰을 만지작거리는 제 모습이 느껴질 때면 '나 혹시 중독인가?' 하는 생각이 듭니다. 여러분은 어떤가요?

앞에 제시한 목록은 성인을 대상으로 하는 스마트폰 중독 자가진단 리스트입니다. 읽어보고 해당하는 점수를 기록한 다음 모두 합산하면 결과를 알 수 있지요. 평소 스마트폰을 오래 사용한다고 생각한다면 리스트를 참고해 한 번쯤 자가진단을 해보세요. 인터넷 중독 대응센터 홈페이지에서 자가진단을 하면 더 정확하고 편하게 진단할 수 있습니다. 홈페이지에는 청소년(만 10세~18세)을 대상으로 하는 자가진단 리스트도

있으니 아이와 함께해보세요.

스마트폰이 널리 보급되면서 아이들까지 스마트폰을 손에 쥐게 되있습니다. 초등학교 저학년보다는 고학년 아이들이 압도적으로 많이 가지고 있는데요. 실제로 최근에 제가 만나는 4~6학년 아이들은 대부분 스마트폰을 갖고 있었습니다. 중학생과 고등학생은 말할 것도 없지요.

그럼 스마트폰 중독은 어떨까요? 한국정보화진흥원이 조사한 '청소년 스마트폰 중독위험군 분포'에 따르면 초등학생이 26.5%, 중학생이 44.6%, 고등학생이 28.9%로 스마트폰 중독은 중학생이 가장 많은 것으로 나타났습니다. 아무래도 신체적, 정신적, 환경적으로 큰 변화를 겪는 때가 중학생 때이니 가장 스마트폰에 집착하는 게 아닐까 합니다.

제가 만나는 중학생 아이들 또한 가만히 보고 있으면 거의 스마트폰과 혼연일체가 되어 생활합니다. 여행지에서도 남자아이는 스마트폰으로 게임을, 여자아이는 대부분 SNS와 인터넷을 하느라 정신없습니다.

해외에서도 아이들은 굴하지 않습니다. 인터넷이 잘되지 않는 나라에서도 어떻게든 와이파이존을 찾아냅니다. 스마트폰을 꺼내 들고 그 주변을 단체로 서성입니다. 그런 아이들을 보고 있노라면 웃음이 나기도 하지만, 아이들의 놀이문화가 스마트폰으로 하는 것들로 모두 대체되어버린 것 같아 쓸쓸하기도 합니다.

아이들 세상에 스마트폰이 강림하게 된 것은 어른들의 공이 큽니다. TV에서는 틈만 나면 스마트폰 광고가 나옵니다. 버스나 지하철을 타도 다들 스마트폰을 들여다보고 있습니다. 어른들도 이미 스마트폰 중독에 빠져 허덕이는데 아이들이라고 무사할까요?

얼마 전 스마트폰 사용과 관련된 다큐멘터리를 봤습니다. 다큐멘터리에는 스마트폰에 집착하는 3~5세 정도 되는 아이부터 초등학생, 중학생까지 소개되었지요. 그런데 모든 아이들의 공통점이 부모가 스마트폰에 중독되어 있더라는 겁니다. 아이들 눈에 계속 보이는 게 부모가 스마트폰을 사용하는 모습이니 아이가 스마트폰에 관심을 두지 않으면 그게 이상한 일입니다.

부모가 스마트폰을 자주 사용하지 않는다 해도 요즘은 우는 아이를 달래기 위해 스마트폰으로 만화를 보여주곤 합니다. 아이가 좀 크면 놀아달라고 달라붙는 아이를 떼놓기에도 스마트폰만큼 효과적인 게 없지요. 결국 손에 스마트폰을 쥐여줍니다.

아이들의 스마트폰 사용을 무조건 막는다고 해서 문제가 해결되진 않습니다. 무엇보다 아이가 스스로 자기 손에서 스마트폰을 내려놓도록 만들어야 합니다. 하지만 스마트폰에 중독된 아이들은 대부분 '자기 조절 능력'이 부족한 경우가 많습니다. 그래서 스스로 스마트폰 사용을 통제하지 못하고 깊이 빠져들지요.

듀크대학교의 아브샬롬 카스피 교수와 테리 모핏 교수가 주도한 연구를 살펴봅시다. 이 연구는 뉴질랜드 듀네딘에 태어난 1972~1973년생 어린이 1,037명을 대상으로 실시되었습니다. 연구진은 아이들을 대상으로 정신 테스트를 실시한 다음 10대와 성인으로 성장하는 과정을 무려 30년 동안 관찰해 기록했습니다. 대단하죠? 그 결과 자기 조질 능력이 높을수록 신체가 건강하고 경제적으로 안정되어 있다는 사실을 밝혀냈습니다. 더불어 범죄자가 될 가능성도 네 배나 낮다는 걸 밝혔습니다. 자기 조절 능력이 얼마나 삶에 큰 영향을 미치는지 알려주는 연구 결과입니다.

그러니 막연히 아이가 스마트폰을 사용하지 못하도록 해야겠다고 생각할 게 아니라, 아이의 자기 조절 능력을 키워주는 데 목표를 두어야 합니다. 그러려면 아이의 상황에 따라 조금씩 다르게 대처해야 합니다.

우선 앞에서 제시한 스마트폰 중독 자가진단 리스트로 나와 아이가 어떤 상황인지 파악해봅시다. 물론 좀 더 자세히 알고 싶다면 전문가와 상담해보는 게 가장 좋습니다. 하지만 일단 쉽게 시작해보세요. 점수가 44점 이상이고 평소에 스마트폰을 심하다 싶을 정도로 오랫동안 사용하는 경우라면 과감하게 스마트폰과 잠시 결별해야 합니다.

이런 경우는 아이가 스마트폰 사용을 스스로 통제하기가 어렵습니다. 그러니 현재 상황에서 벗어나기 위해 전환의 계기를 마련해야 합니다. 여행은 부모와 아이 모두 자연스럽게 스마트폰을 손에서 놓을 절호의 기회입니다. 이미 습관이 되어버린 스마트폰 사용을 일상적인 생활 속에서 멈추기란 어려우니까요. 아이와 함께 떠나기로 한 이번 여행에선 '스마트폰 없이 살아남기'라는 미션을 수행해봅시다.

물론 부모도 스마트폰을 놔두고 떠나야 합니다. 일 때문에 나는 안 된다든가 급히 전화가 필요하면 어떻게 하느냐는 등의 이유를 찾자면 끝도 없습니다. 계속 강조했듯이 부모가 먼저 모범을 보여야 합니다. 그래야 아이도 부모의 제안을 받아들입니다. 과감하게 스마트폰을 놔두고 최소 3일 이상 여행을 떠나보세요.

첫날은 손이 허전하고 심심해서 뭘 해야 할지 몰라 안절부절못하는 증상이 생길 수 있습니다. 예언컨대 아이보다 부모가 더 힘들어할 겁니다. 이런 증상이 심할수록 그동안 스마트폰에 심각하게 중독되어 있었다고 생각하면 됩니다. 하지만 금단 현상을 이겨내고 여행에만 집중하다 보면 어느 순간 스마트폰 없이도 잘 살고 있는 나와 내 아이를 발견할 수 있습니다.

일단 '스마트폰 없이 살아남기' 여행을 시작했다면 끝까지 스마트폰 없이 여행해야 합니다. 어떤 이유로 예외 사항을 두거나 떼쓰는 아이 때문에 마음이 약해지면 괜한 원망만 듣고 도루묵이 됩니다. 부모의 마음가짐도 중요합니다. 어떻게 보면 부모가 좀 편하기 위해 스마트폰을 아이에게 쥐여줬으니 이제부터라도 편함보다는 아이의 삶을 먼저 생각해야 합니다.

내가 불편함을 겪는 게 아니라 아이에게 선물을 준다고 생각하면 어떨까요? 지금 힘들다고 해서 피해가려고 하면 시간이 지나 더 큰 어려움을 맞이할 수 있습니다. 그러니 지금 여러 가지 불편함과 어려움을 겪더라도 포기하지 마세요. 해결할 건 해결하고 넘어가야 변화를 만들 수 있습니다.

무사히 여행을 끝내고 집으로 돌아오면 스마트폰 없이 다녀온 여행 기간 동안 느꼈던 점을 아이와 함께 이야기해보세요. 이렇게 하면 아이가 스스로 스마트폰 없이도 잘 살았던 자신에 대해 되돌아보게 됩니다.

느낀 점을 바탕으로 앞으로 지켜나갈 '스마트폰 사용 규칙'을 만들어봅시다. 규칙은 무엇보다 아이의 의견에 바탕을 두고 만들어야 합니다. 그리고 규칙을 잘 지키려면 부모와 아이가 어떻게 해야 할지 명확하고 구체적으로 정해두어야 합니다. 여행을 계기로 스마트폰 사용의 틀을 만들고 지켜나간다면 장기적으로 아이의 자기 조절 능력도 키워줄 수 있습니다.

자가진단 결과 40점에서 43점 사이라면 어떻게 해야 할까요? 스마트폰으로 인한 문제가 발생할 수 있는 잠재적 가능성을 갖고 있는 단계지요. 여행을 떠날 때는 스마트폰을 두고 가는 게 좋습니다. 하지만 스마트폰 중독이 심각한 정도는 아니고, 아이의 자기 조절 능력을 키워주고 싶다면 규칙을 먼저 세우고 도전해보세요. 스마트폰을 들고 가되 출발 전 전원을 스스로 끄고 정해진 시간에 켜서 필요한 것만 하는 겁니다. 미리 아이와 함께 스마트폰 사용 시간과 스마트폰이 필요한 일들을 적어보고 합의를 통해 결정해놓으면 좋습니다.

규칙은 여행 기간 동안 반드시 지키도록 하고 예외를 두어선 안 됩니다. 자기 조절 능력이란 목표를 향한 부모의 일관된 태도를 바탕으로 형성되기 때문입니다. '회복탄력성'으로 유명한 연세대학교 김주환 교수가 쓴 《그릿(GRIT)》에는 이런 내용이 나옵니다.

비인지 능력 중에서 가장 중요한 것이 그릿(GRIT)이다. 그릿은 자신이 세운 목표를 위해 꾸준히 노력할 수 있는 능력을 말한다. 그릿은 자신이 세운 목표를 위해 열정을 갖고 온갖 어려움을 극복하며 지속적인 노력을 기울일 수 있는 마음의 근력이다. 그릿은 스스로에게 동기와 에너지를 부여할 수 있는 힘, 즉 '자기동기력'과 목표를 향해 끈기 있게 전진할 수 있도록 스스로를 조절하는 힘, 즉 '자기조절력'으로 이루어진다.

여행 중 부모와 아이가 합의해서 스마트폰 사용 규칙을 정했습니다. 그런데 이 규칙이 부모의 변심으로 무너진다면 어떻게 될까요? 자기 조절 능력은커녕 신뢰마저도 무너집니다. 그러니 규칙은 반드시 지켜야 합니다. 나와 아이가 함께 세운 목표를 위해 꾸준히 노력할 수 있게 서로 격려해주는 것도 잊지 마세요.

내 아이는 스마트폰 중독과는 거리가 멀고 자가진단 결과도 39점 이하라면 어떨까요? 무사통과? 다시 한 번 강조하지만 스마트폰은 두고 떠나는 게 좋습니다. 하지만 아이가 스스로 스마트폰 사용을 적절하게 통제할 수 있다면, 스마트폰을 들고 가도록 허용하고 전원도 켜두되 정해진 시간에만 자유롭게 사용하도록 하면 좋겠습니다. 사실상 모든 것을 허용하지만 언제 사용할지 그 시간만은 제한을 두는 겁니다.

스마트폰은 사용시간이 매우 중요합니다. 아이들의 스마트폰 사용을 부정적으로 바라보는 가장 큰 이유는 시도 때도 없이 스마트폰에 빠져 있는 모습 때문이지요. 스마트폰에 빠져 있는 아이를 자세히 살펴보면 주변 상황은 물론이고 시간이 얼마만큼 흘렀는지도 제대로 느끼지 못합니다. 우리가 재미있는 영화에 빠지면 시간 가는 줄 모르고 보듯이 아이들도 시간 가는 줄 모르고 스마트폰에 빠져듭니다.

평소에 스스로 스마트폰 사용을 적절하게 통제하는 아이라도 사용 시간이 너무 길어지면 언제든 중독에 빠질 수 있습니다. 아이뿐만 아니라 어른도 마찬가지입니다. 스스로 사용 시간을 통제하지 못하면 그게 바로 스마트폰 중독이지요. 요즘은 스마트폰 사용 시간을 관리하도록 도와주는 앱도 있으니, 미리 다운받아 설치해두면 도움이 됩니다.

아이와 함께하는 여행을 통해 세상에는 스마트폰 말고도 신나고 재미있는 일이 많다는 것을 알려주세요. 물론 여행이 처음부터 끝까지 신나고 재미있을 순 없습니다. 처음엔 어색하고 지겹고 짜증 날 수도 있습니다. 그때는 그저 지켜봐 주는 인내가 필요합니다. 이 과정을 거치고 나서 아이 스스로 '뭐 없나?' 하고 재밋거리를 찾아 나설 때 여행에 적극 참여시켜보세요.

첫 시작은 쉽고 금방 해낼 수 있는 게 좋습니다. 편의점에서 여행하는 동안 먹을 간식거리를 사 온다든지, 관광지에 입장하는 데 필요한 표를 사오는 것처럼 간단한 일은 쉽고 금방 성과를 얻을 수 있습니다. 적극적으로 잘해냈다면 칭찬도 아끼지 마시고요. 그렇게 성취감을 얻고 나면 조금 더 적극적인 역할을 할 수 있습니다.

이제 '내 아이가 무엇에 재미를 느끼는지' 알아야 할 때입니다. 제 경험상 아이들은 대체로 자기만의 독특한 구석을 하나씩 가지고 있었습니다. 어떤 아이는 뛰어다니고 스릴 넘치는 활동을 좋아하는 반면, 어떤 아이는 누군가와 대화하는 걸 좋아합니다. 또 어떤 아이는 뭔가를 만드는 데 집중하는 걸 좋아하고, 또 어떤 아이는 남들 앞에 나서는 활동을 즐깁니다.

무엇이든 아이가 재미를 느낄 만한 활동의 '주인공'이 되게 해주세요. 그저 부모가 시켜서 마지못해 하는 것과 아이가 주인공이 되는 것은 다릅니다. 그렇다고 마냥 아이가 알아서 하도록 만들라는 이야기도 아닙니다. 영화로 치면 감독은 부모가 맡고 주인공은 아이가 되는 거지요.

활동적인 아이는 몸을 움직여 할 수 있는 미션을 주고, 대화를 좋아하는 아이는 인터뷰 같은 활동을 시켜보세요. 만들기를 좋아하면 박물관에서 운영하는 체험 프로그램을 이용하도록 하고, 사람들 앞에 나서길 좋아하면 그런 기회를 얻을 만한 이벤트에 참여해보세요.

여행 중에 이런 걸 어떻게 하냐고요? 여행 중이니까 할 수 있습니다. 여행을 단순히 어딘가로 이동하는 활동이라고만 생각하지 마세요. 여행하며 무엇을 할지 정하는 것은 여행자의 권리이고, 그 권리를 누리는 여행자에게만 다양한 가능성이 주어집니다. 아이와 함께할 멋진 여행을 기획해봅시다. 부모가 그렇게 용기를 낼 때 비로소 스마트폰 세상 말고 진짜 세상의 즐거움을 아이에게 선물해줄 수 있습니다.

스마트폰 내려놓기

아이의 스마트폰 사용을 통제할 때 어떻게 하시나요? 눈에 보이면 바로 뺏어버리나요? 게임하고 있으면 뺏나요? 어떤 아이의 이야기를 들으니 아빠가 스마트폰만 하는 아이에게 너무 화가 났답니다. 그래서 SNS 하던 스마트폰을 빼앗아 베란다 밖으로 던져버렸다고 하더군요. 애꿎은 스마트폰은 아무 죄도 없는데 10층에서 자유 낙하했겠지요.

통제할 때 하더라도 통제하는 방법이 중요합니다. 가족 모두 지킬 수 있는 스마트폰 사용 규칙이 있다면 가장 좋습니다. 스마트폰을 처음 사용할 때부터 이 규칙에 따르게 하면 무리 없이 통제할 수 있습니다. 부모 또한 이 규칙을 지켜야 합니다.

규칙 없이 사용해왔다면 이제부터라도 규칙을 만들어보세요. 만약 아이가 규칙을 어기고 스마트폰에 빠져 있다면 단호하게 이야기한 다음 스스로 스마트폰을 손에서 놓을 때까지 기다려주세요. SNS나 게임을 해보면 알겠지만 딱 그 시간에 칼처럼 끊기가 어렵습니다. 마무리될 때까지 인내심을 갖고 기다려주세요. 그래도 아랑곳하지 않고 계속한다면 한 번만 더 경고한 후 그냥 놔두세요. 대신 규칙에 따라 꼭 벌을 주어야 합니다. 용돈을 삭감하면 가장 효과적입니다.

시간이 많다면 옆에서 뚫어져라 계속 쳐다볼 수도 있겠지만 그건 부모에게도 고문이겠죠? 요즘 아이들에게 스마트폰은 꽤 민감한 사생활입니다. 스마트폰 자체를 억지로 뺏으면 반항심만 키울 뿐입니다. 스스로 손에서 놓을 수 있게 기다려주세요. 그래야 자기 통제력이 길러집니다. 대신 규칙은 확실히 적용하세요. 일관된 자세로 몇 번만 하면 버릇을 들일 수 있습니다.

두 번째 약속
여행은 기다림의 연속,
자연스러운 대화가 시작된다

여행을 시작했다. 어느 낯선 새벽에 찬 공기를 마시며 집을 나선다. 버스가 오기로 한 모임 장소로 향한다. 도착했지만 아직 아무도 없다. 아이들을 기다린다. 하나둘씩 나타나는 아이들. 아이들이 다 모이자 부모님들과 인사를 하고 공항으로 떠난다. 버스에서 아이들과 인사를 나누고 공항에 도착할 때까지 기다린다. 공항에 도착하고 체크인을 한다. 역시 사람이 많다. 줄이 길다. 우리 순서가 올 때까지 기다린다. 우리 차례가 오긴 하는 걸까?

비행기 티켓을 받아들고 출국장으로 향한다. 출국 심사를 위해 또 줄을 서 기다린다. 우리가 타고 갈 비행기가 있는 게이트로 향한다. 아직 출발 전이다. 다시 또 기다린다. 비행기에 탑승하고 이제 도착하길 기다린다. 이번엔 정말 길다. 13시간. 오랜 시간을 기다린 끝에 마침내 프랑스 땅을 밟았다.

한국에서 프랑스까지 기다림의 연속이었다. 기다림이 곧 여행일까? 나는 무엇을 기다린 걸까? 왜 기다려야만 하는 걸까? 이 의문의 답을 나는 또 기다린다.

– 2010년 배낭여행을 기록한 나의 수첩에서

여행을 하다 보면 기다려야 하는 순간이 반드시 찾아옵니다. 누구든 기다리지 않고 여행해본 사람은 없을 겁니다. 차를 타고 가더라도 신호를 기다려야 하고 표 한 장을 사더라도 줄을 서서 기다립니다. 기다리고 또 기다려서 그렇게 목적지를 향해 다가갑니다. 어떻게 보면 여행의 시간은 기다림으로 이루어져 있을지도 모릅니다. 빨리 가고 싶지만 때를 기다려야 하고, 만약 때를 놓치면 다시 기다려야 합니다. 그렇게 여행의 시간은 적당한 때가 있음을 우리에게 가르쳐줍니다.

길고 긴 시간을 기다리면 뜻밖의 행운을 건지기도 합니다. 이 행운은 심심함으로부터 시작됩니다. 할 일도 없고 기다리기만 하면 되는 이 시간, 심심함을 느끼면 주위를 돌아봅니다. 심심함에 포위당한 나와 내 옆사람은 눈이 마주칩니다. 이렇게 대화는 시작되지요. 심심함의 포위망을 뚫고 재미를 찾아 대화에 나섭니다.

난데없이 시작된 대화는 누가 시킨 것도 아니요, 무슨 소득이 있는 것도 아닙니다. 왜 갑자기 이야기를 하는 건지 어쩌다 이런 이야기를 하게 된 건지도 중요치 않습니다. 그저 우리를 포위한 저 심심함을 혼내주기 위해 시작된 이 대화의 1차 목표는 재미입니다. 소재가 무엇이든 재미있고 웃음이 나면 1차 목표 달성입니다. 그런데 대화라는 건 뜻밖의 황당한 타이밍에 끝이 나기도 하고, 어떤 때는 꼬리에 꼬리를 물고 계속 이어지기도 합니다. 그저 재미로 시작된 대화가 계속되어 서로에 대한 호감으로 이어지면, 행운이었다 할 만큼 좋은 추억으로 남겨지기도 합니다.

여행을 하면서 기다리는 시간은 그저 지겨운 낭비의 시간이 아니라, 난데없는 대화와 뜻밖의 인연을 선물하기도 하는 매력적인 시간입니다. 그러니 이 시간을 가볍게 여기지 않고 소중하게 음미할 수 있다면 그 어떤 여행보다 풍요로운 여행을 경험할 수 있습니다.

아이와 함께 떠나는 여행에서 기다림의 시간은 아이와 대화할 수 있는 절호의 찬스입니다. 아이와의 대화는 평소에 자연스럽게 아이도 나도 못 느낄 정도로 물 흐르듯 이어져야 합니다. 어느 날 갑자기 아이를 거실에 불러 조용히 분위기 잡으며 이야기하면 대화가 잘될까요? 그런 대화가 필요한 상황도 있지만, 평소에 아이와의 대화가 절대적으로 부족한 가정에서 부모가 갑자기 그렇게 나오면 아이는 당황스러울 수밖에 없습니다.

'아니 갑자기 왜 이러지? 내가 뭘 잘못했나?'

이렇게 생각하고 침묵으로 일관하거나 대화를 거부합니다. 그렇게 몇 번 의욕이 꺾이고 나면 부모도 결국 포기하고 말지요.

TV 프로그램 〈아빠 어디 가?〉 첫회에서 성동일과 준이 부자는 숙소까지 단둘이 걸어갑니다. 성동일은 짐을 들고 가고 준이는 자기 주머

니에 손을 찔러넣고 그 옆에서 걷습니다. 다른 아빠, 아들과는 다르게 손도 안 잡고 대화도 별로 없습니다. 준이는 길가의 눈을 툭툭 차면서 걷고 성동일은 그런 준이를 보고 그냥 걸으면 안 되느냐고 한마디 하고는 또 그저 걷습니다. 단둘이 걷는 시간이 어색한 부자는 묵묵히 걷기만 합니다. 그러다 준이가 길가의 고드름을 발견하고 성동일이 그 고드름을 따주면서 겨우 말문이 트입니다.

성동일은 인터뷰에서 어릴 적 아버지에 대한 추억이 별로 없었음을 고백합니다. 자기 아이에게만큼은 아버지의 사랑을 주고 싶다고 말합니다. 하지만 아버지에게 사랑받아본 경험이 없어서 표현 방법을 잘 모른다고 이야기합니다.

대한민국의 많은 아빠들이 성동일과 같은 고민을 안고 아이를 키워왔습니다. 어린 시절의 기억을 떠올리며 아이에게 사랑을 표현하고 싶어 하지만, 어떻게 해야 할지 잘 몰라 망설이기도 하고 어색해하기도 하지요. 아이와 함께 여행을 떠났지만 막상 아이와 이야기할 기회가 주어져도 무슨 이야기를 어떻게 해야 할지 몰라 답답할 때가 많습니다. 사실 무슨 이야기를 어떻게 해야 한다고 정답이 정해져 있는 것도 아니지요. 그렇게 어색한 상황을 이겨내고 부모든 아이든 끊임없이 노력한다면 언젠가는 좋은 상황이 찾아오기도 합니다.

하지만 노력을 하지 않아서, 또는 노력은 했지만 너무 오래 걸려 중도에 포기하기 때문에 도루묵이 되는 경우가 많습니다. 이런 경우 당연한 이야기지만 첫째로는 더 노력해야 합니다. 둘째로, 적절한 때에 아이와 대화하는 방법을 잘 알고 있다면 큰 도움이 됩니다. '노력하기'는 이 책을 읽을 만큼 열의를 보이는 당신이니 분명 잘할 것이라 믿습니다. 하지만 아이와 대화하는 방법은 알아야 행할 수 있습니다. 대화법에 조금만 관심을 기울이고 기본적인 자세를 익힌다면 그 노력이 열매 맺는 시간을 훨씬 단축할 수 있습니다.

자연스러운 대화는 언제 시작되는가?

아이와 함께 여행할 때 대화하기 좋은 시간은 언제일까요? 여행 도중 틈틈이 찾아오는 기다림의 시간이 가장 자연스럽습니다. 비행기든 버스든 기차든 정해진 시간에 타야 하는 교통수단은 미리 가서 기다릴 수밖에 없습니다. 공항이든 정류장이든 기차역이든 관계없이 아이와 내가 기다리는 시간은 누가 봐도 의도한 게 아니라 자연스러운 시간이지요. 표를 사기 위해 줄을 설 때, 음식점에서 음식을 기다릴 때도 역시 자연스러운 순간입니다.

이때 주고받는 대화는 아이와 나의 관계를 이루는 뿌리가 됩니다. 다들 잘 알고 있듯이 뿌리가 튼튼한 나무는 심한 비바람도 견디고 오랜 시간 살아갈 수 있습니다. 아이와 주고받는 대화가 서로를 즐겁게 하고 힘을 북돋워 준다면, 아이와 부모의 관계도 흔들리지 않고 오랫동안 지속되는 믿음직한 관계가 됩니다. 뿌리를 튼튼히 하기 위해 가장 자연스러운 시간을 놓치지 마세요.

물론 실제로 여행을 가서 기다림의 순간을 맞이하면 지루하고 힘든 상황일 때가 많습니다. 기다리느라 맥이 빠지고 더위나 추위에 지쳐 반쯤 몽롱한 상태일 때도 있지요. 이런 상황에서 아이와 진지하게 이야기하고 깊은 대화를 욕심내라는 것은 아닙니다. 힘들고 어려울 때 내 아이를 격려해주는 말 한마디, 지루함에 찌든 내 아이를 웃게 해주는 농담 한마디가 좋은 관계를 향한 첫걸음이 됩니다. 아이와 내가 작은 발걸음을 한 걸음씩 내딛다 보면 언젠가 아이가 먼저 자기 마음속 세상을 보여줄 겁니다. 그때 필요한 것이 바로 '부모의 삶을 담은 이야기'와 그것을 전달하는 '아이와의 대화법'입니다.

무슨 이야기를 해야 할까?

부모의 삶을 담은 이야기는 아이와의 대화에서 아주 중요한 내용이 됩니다. 부모는 아이를 사랑합니다. 그래서 아이에게 좋은 것만 주려고 하지요. 그런데 마음과는 달리 자꾸 엉뚱한 걸 아이에게 안겨줍니다. 아이의 생활을 트집 잡아 잔소리를 시작하거나 "다 너 잘되라고 하는 말

이야"로 끝나는 훈계, 왜곡된 삶의 요령 같은 것을 전수합니다.

아이와의 대화에서 가장 밑바탕이 되어야 하는 마음가짐은 '진정성'입니다. 부모의 사랑을 아이가 오롯이 느낄 수 있게 진정성 담긴 이야기를 시작해보세요. 아이와 대화를 시작할 때 '부모답게 이 대화를 통해 너에게 뭔가 중요한 교훈을 알려주겠다'고 목적을 너무 앞세우지 말아야 합니다. 그냥 진솔한 이야기를 해보세요. 어린아이들은 이야기가 재미있으면 금방 빠져듭니다. 동화나 옛날이야기도 좋지만 부모의 삶이 담겨 있는 이야기는 더 좋습니다.

소재는 무궁무진합니다. 부모가 어린 시절 겪었던 이야기도 좋고, 바로 어제 직장에서 있었던 사소한 일도 좋습니다. 극적인 이야기라면 확실히 좋고, 그렇지 않더라도 부모에게 인상 깊었던 경험이라면 좋은 소재가 될 수 있습니다. 다만 아이 나이가 어린데 너무 복잡한 이야기는 꺼내지 마세요. 괜히 이야기했다가 본전도 못 찾습니다.

아이가 초등학생, 중학생이라면 좀 더 자세히 부모의 삶에 관해 이야기할 수 있습니다. 일단 시작은 아이의 삶에서 시작하면 좋습니다. 요즘 무엇이 즐겁고 행복한지, 무엇 때문에 힘들고 어려운지 물어보세요. 아이의 이야기를 끝까지 듣고 공감해주세요.

그다음 나는 어땠는지 어떤 삶을 살았는지 이야기해주세요. 되도록 자세히 그리고 생생하게. 이야기를 끝내고 "그러니까 넌 행복한 줄 알아라"라는 식의 이야기는 하지 말고요. 실컷 이야기하고 훈계로 끝맺으면 다음엔 부모 이야기를 듣기 싫어할지도 모릅니다. 이야기는 그저 이야기로 끝내는 게 좋습니다. 대신 이야기를 듣고 아이가 어떤 느낌이 들었는지 살짝 물어보는 정도는 괜찮지요.

아이에게 부모의 삶이 담긴 이야기를 해주는 이유는 간단합니다. 아이가 부모를 이해할 수 있는 좋은 계기가 되기 때문입니다. '우리 부모님은 이렇게 살았기 때문에 이런 생각을 하고 있고 그래서 나와 다르구나' 하는 걸 아이 스스로 느낄 수 있습니다. 요즘 아이와 부모 사이에 일어나는 수많은 갈등은 아이가 부모의 삶을 이해하지 못하면서 생기는 경우도 많기 때문입니다. 부모도 마찬가지입니다. 부모도 아이의 삶이 담긴 이야기를 많이 들어줘야 합니다. 들어주는 것 자체가 바로 사랑의 표현이기 때문입니다. 그리고 아이의 삶이 담긴 이야기를 통해 아이를 이해해야 '진정성' 있는 이해에 닿을 수 있습니다.

어떻게 이야기하면 좋을까?

오늘날 자녀 교육을 이야기하는 많은 사람들이 '아이와의 대화법'을 강조합니다. 아이와 어떻게 이야기하느냐에 따라 아이의 인성과 태도가 달라지기 때문이지요. 대화하는 방법을 잘 알고 있으면 분명 도움이 됩니다. 어떤 방법이 있을까요?

저는 아이들과 대화할 때 가장 먼저 내가 준비되었는지를 확인합니다. 대화는 어떤 방식으로든 그 사람의 마음을 드러냅니다. 내가 불안한 마음이나 과한 의도가 있으면 아이에게 금방 전달됩니다. 이것이 반복되면 아이의 마음도 불안해지고 오해가 생기기도 합니다. 나 자신의 마음을 편안하게 만들고 긍정적인 에너지로 가득 채우는 것이 먼저입니다. 즐거운 생각, 신나는 이야기, 휘파람 나올 듯한 노래를 떠올리며 준비합시다. 처음 몇 번만 노력하면 습관이 됩니다. 습관이 되고 나면 준비하는 데 10초도 안 걸립니다. 사소한 이야기를 하거나 일상생활을 이야기할 때는 이 정도 준비면 충분합니다.

만약 아이에게 깊은 이야기를 하고 싶다면 잠시 눈을 감고 생각해볼 필요가 있습니다. 그 이야기의 깊이만큼 시간을 들여 생각해보세요. 부모인 나의 입장은 무엇인지, 아이로서는 이 이야기를 어떻게 받아들일지, 어떻게 이야기하는 게 가장 좋은 방법인지를 명상하듯이 빠져들어 깊이 생각해봐야 합니다. 이런 준비 과정 없이 아이와 대화하면 상황에 따라 이리저리 휘둘리기만 하다 끝이 납니다. 그러니 내가 준비되었는지 꼭 확인하고 대화를 시작하세요.

본격적으로 아이와 대화를 시작하면 무슨 말을 어떻게 해야 할까요? 아이와의 관계가 좋지 않을수록 이 부분에서 어려움을 겪습니다. 대화가 힘든 부모일수록 좀 더 구체적으로 사례를 들어 명확하게 한마디 한마디를 알려주길 원하지요. 그 때문인지 아이와의 대화법을 다루는 많은 책이 놀라울 정도로 자세하게 대화의 방법을 소개하고 있습니다. 어떤 단어를 사용하고 어떤 순서로 이야기해야 할지 예시를 통해 구체적으로 알려주기도 합니다.

이런 방식의 좋은 점은 쉽다는 겁니다. 쉽게 따라 할 수 있습니다. 대화를 따라 하다 보면 부모의 의식이 달라지는 효과를 봅니다. 새로운 태도로 아이를 대하고 점점 변화의 조짐이 눈에 보입니다.

하지만 부모의 의식이 달라지지 않는다면 어떨까요? 앵무새처럼 그저 따라 하기만 합니다. 그러면 얼마 못 가서 본래의 태도로 돌아옵니다. 이럴 때는 따라 하기보다는 대화법에서 강조하는 핵심을 자기만의 언어로 표현할 줄 알아야 합니다. 책에 나와 있는 그대로 말하다 보면 어색하기도 하고 쑥스럽기까지 합니다. 손발이 오그라든다는 사람도 있습니다. 몸에 맞지 않는 옷을 억지로 입으려고 하니 그렇습니다. 자신에게 맞게 수선해서 입어보세요.

예를 들자면 이런 거지요. 아이가 친구와 싸우고 들어왔습니다. 화가 난 아이에게 뭐라고 말해야 할까요? 아이의 감정을 읽어주는 감정코칭에선 "화가 났구나" 하고 공감해주라고 합니다. 하지만 화가 난 아이의 감정을 공감해주는 말이 꼭 "화가 났구나"일 필요는 없습니다. 꼭 그래야 한다고 법으로 정해진 것도 아닙니다. 그런데도 밑도 끝도 없이 "화가 났구나"를 반복하면 안 그래도 화가 난 아이의 분노를 경험하게 됩니다.

핵심은 감정을 읽어주고 그 감정을 공감해주는 겁니다. 내가 잘할 수 있는, 내가 자신 있는 방식으로 감정을 공감해보세요. 자연스러운 스킨십에 자신 있다면 말없이 등을 쓰다듬어줄 수도 있고, 글쓰기에 자신 있다면 편지를 써줄 수도 있습니다. 꼭 말로 해야 대화가 되는 것은 아닙니다.

사람마다 어울리는 대화 스타일이 있습니다. 그 스타일을 버리고 모두가 똑같은 방식으로 대화하길 기대하는 것은 무리입니다. 내가 가장 잘하는 방식으로 표현하되 중요 포인트를 놓쳐선 안 되겠지요.

중요한 것은 대화할 때 '내가 무엇에 집중하고 있는가?'를 계속 생각해봐야 한다는 점입니다. 아이의 문제나 자신의 불만 같은 부정적인 것에 집중하고 그 주변만 맴돌면서 이야기하면 아무런 도움이 안 됩니다. 그럼 무엇에 집중해야 할까요?

1. **나의 태도, 언어, 모습** : 지금 나는 어떤 태도(아이의 이야기를 제대로 듣고 있는가)로, 어떤 언어(긍정적 언어를 사용하는가)를 사용해서, 어떤 모습(표정, 목소리, 행동)으로 아이에게 이야기하고 있는지 돌아보세요. 아이의 태도, 언어, 모습보다 나의 것에 집중해야 아이의 마음에 다가갈 수 있습니다.

2. **질문의 방향** : 질문은 아이와 나의 관계를 진단하는 가장 좋은 방법입니다. 질문과 대답이 자연스럽게 이루어지지 않는다면 관계 회복이 먼저입니다. 적절한 질문은 아이를 생각하게 하고 자신의 삶을 이야기하도록 이끕니다. 내가 던진 질문, 아이가 나에게 했던 질문의 방향에 집중하고 대화해야 핵

심을 파악할 수 있습니다.

3. **재미** : 대화가 재미없나요? 재미없는 이유는 뭘까요? 내가 유머감각이 없
어서? 아이가 무감각해서? 그럴 수밖에 없는 상황이라서? 다 아닙니다. 재
미를 포기했기 때문입니다. 재미는 재미를 찾아 나서는 사람에게만 주어집
니다. 이야기하면서 손톱만큼이라도 재미있을 만한 소재가 있다면 그걸 붙
잡고 재미를 느껴보세요. 내가 재미를 느껴야 아이도 재미를 느낍니다. 웃긴
이야기, 센스 있는 입담까진 없어도 됩니다. 아이의 작은 말 한마디, 사소한
행동 하나에서 재미를 발굴해보세요. 재미에 집중하면 대화가 쉬워집니다.

4. **아이의 감정** : 어린아이일수록 감정을 읽어주고 공감해주는 것이 중요합니다. 아
이의 감정에 집중하고 그 감정을 존중해주세요. 대화할 때 감정은 생각보다 더 크
게 영향을 미칩니다. 감정코칭을 잘해주면 아이의 삶이 달라지기도 합니다. 감정코
칭에 대해 자세히 알고 싶다면 존 가트맨, 최성애, 조벽의 《내 아이를 위한 감정코
칭》을 읽어보기 바랍니다.

5. **아이의 생각과 의도** : 어른이라면 아이의 생각과 의도를 잘 읽어내야 합니
다. 아이와 똑같은 수준에서 이야기하면 다툴 수밖에 없습니다. 아이가 지
금 어떤 생각과 의도로 이런 이야기를 하는지 넓은 시야에서 알아차려야 합
니다. 《엄마의 말 공부》에서 이임숙은 '아이의 긍정적 의도를 찾아주면 아

이의 행동이 달라진다'고 합니다. 무엇에 집중하느냐에 따라 아이가 달라지죠. 아무리 살펴도 아이의 생각과 긍정적 의도를 알 수 없다면, 준비 과성으로 돌아가는 것도 한 방법입니다.

대화란 관계의 문제입니다. 아무리 감정코칭이나 대화의 기술을 잘 알고 있다고 해도 소용없습니다. 내가 아이와 좋은 관계를 맺지 못하면 대화 자체가 어렵습니다. 서점에 가면 수많은 '아이와의 대화법' 관련 책이 나와 있지만 실제로 실천하기 어려워하는 이유도 지금까지 만들어온 관계 때문이지요. 책 한 권 읽었다고 어느 날 갑자기 아이를 대하는 태도가 돌변하고 모든 일이 다 잘될 리는 없습니다.

사람 사이의 관계는 일종의 '관성의 법칙'이 존재합니다. 관성의 법칙이란 '외부에서 힘이 가해지지 않는 한 모든 물체는 자기 상태를 그대로 유지하려고 한다'는 뉴턴의 운동법칙입니다. 별다른 계기 없이 일상을 그대로 유지하고 있으면 아이와의 관계도 그 상태 그대로 유지됩니다. 그러니 관성을 극복할 만한 힘을 가해야 관계를 변화시킬 수 있습니다. 가만히 있는 공은 그냥 가만히 있을 뿐입니다. 누군가 굴려줘야만 굴러갑니다. 이제 일상에서 벗어나는 새로운 시도를 해보세요.

여행을 떠나는 것이야말로 관성을 극복하는 가장 좋은 방법입니다. 여행을 떠나 아이와 함께 이리저리 좌충우돌하다 보면 분명 자연스러운 대화의 순간이 옵니다. 그때를 위해 '부모의 삶을 담은 이야기'와 그

것을 전달할 수 있는 '아이와의 대화법'을 준비해두세요. 여행 가운데 갖는 이 시간은 부모에게는 잊을 수 없는 순간으로, 아이에게는 부모가 준 가장 큰 선물로 오랫동안 기억될 거니까요.

진심이 노래하는 감동

난 잠시 눈을 붙인 줄만 알았는데 벌써 늙어 있었고
넌 항상 어린아이일 줄만 알았는데 벌써 어른이 다 되었고
난 삶에 대해 아직도 잘 모르기에 너에게 해줄 말이 없지만
네가 좀 더 행복해지기를 원하는 마음에 내 가슴 속을 뒤져 할 말을 찾지

노래 가사의 일부분입니다. 양희은의 〈엄마가 딸에게〉라는 노래 들어보셨나요? 제 아내가 추천해준 이 노래를 처음 들었을 땐 '이런 노래도 있구나'라고만 생각했습니다. 그런데 어느 조용한 새벽 이 노래를 들었더니 왠지 모르게 눈물이 나더라고요. 이유는 알 수 없지만 눈가가 촉촉해지는 그 느낌. 내가 왜 이러나 싶은 느낌. 이런 걸 느끼고 싶다면 어둑한 새벽에 일어나 눈을 감고 이 노래를 들어보세요. 정말 좋습니다.

제가 이 노래를 추천하는 이유는 대화에서 가장 중요한 것이 무엇인지 일깨워주는 노래이기 때문입니다. 그게 뭘까요? 바로 '진심'입니다. 마음속에 숨겨진 솔직한 진심을 꺼내 선물해보세요. 진심은 곧 감동으로 이어집니다. 감동은 사람을 울리기도 하고 마음을 뒤흔들어놓기도 합니다. 변화의 원동력이지요. 오늘 새벽 이 노래를 다시 들으며 감동하고 있습니다. 이 감동이 여러분의 가슴 속에도 맑게 울렸으면 하는 바람입니다. 진심입니다.

세 번째 약속
인상 깊은 여행이란
드라마틱한 여행이다

요즘 드라마는 정말 재미있습니다. 드라마의 매력, 그건 대체 뭘까요?

드라마는 대체로 우리의 일상을 소재로 하는데 있을 법하긴 하지만 거의 잘 일어나지 않는 특별한 일을 다루곤 합니다. 예를 들어 재벌 집 아들과 가난한 집 딸이 운명적으로 만나 사랑하게 되지만, 결혼을 앞두고 알고 보니 양쪽 부모가 원수지간이었다는 설정은 불가능한 이야기는 아닙니다. 또 그런 운명의 장난 같은 관계를 회복하고 결혼까지 해서 행복하게 사는 것도 있을 수 있는 이야기지요.

하지만 어쩌다 보니 인연이 닿아 그렇게 되더라도 이런 일이 자주 일어나진 않습니다. 만약 주변에서 이런 일이 흔하게 벌어진다면 우리 사회에는 현대판 로미오와 줄리엣으로 가득하겠지요. 현실은 그렇지 않으니 다행이라고 해야 할까요? 이렇게 있을 법한 일이지만 잘 일어나지 않는 특별한 일에 사람들은 매력을 느낍니다.

인물들이 아무런 다툼도 없이 그저 평온하게 살다 그냥 끝나는 드라마는 본 적이 없습니다. 있다 해도 그런 드라마를 누가 볼까 싶네요. 끊임없이 인물들 사이의 갈등을 만들고, 이 갈등을 해결해나가는 과정이 바로 드라마의 주된 내용입니다.

현실과 시간이 똑같은 드라마 또한 본 적이 없습니다. 기본적으로 드라마 속에서는 현실보다 빠르게 시간이 흘러갑니다. 내용을 이해하는 데 필요한 부분만 편집되어 있어 이야기가 빠르게 전개되지요. 심지어 현실에서는 오랜 시간이 지나야 가능한 일이 드라마에서는 '그로부터 10년 후' 같은 자막 한 줄로 처리되곤 합니다.

많은 드라마에서 시청자들을 사로잡기 위한 장치로 '반전'을 자주 사용합니다. 가난하게 살던 주인공이 알고 보니 재벌 집 자식이었다는 설정은 워낙 자주 나와서 이젠 반전 축에도 끼지 못할 정도니까요. 그래서 적절한 때에 누구도 예상치 못한 반전을 등장시키는 드라마가 매력적인 드라마로 평가받습니다.

아이와 함께 떠나는 여행이 드라마 같은 매력을 갖춘다면 어떨까요? 분명 쉽진 않겠지만 그렇게만 된다면 아이와 부모에게 잊지 못할 인상 깊은 여행으로 남겠지요. 사실 이렇게까지 노력하지 않더라도 아이와 즐겁고 행복한 여행을 잘 다녀올 수 있다면 문제 될 건 없습니다. 하지만 아이와 함께 여행을 다녀오긴 했는데, 아이도 나도 심드렁하고 피곤하기만 하다면? 지금까지 해왔던 여행과는 다른 여행을 시도해봐야 할 때입니다.

드라마틱한 여행을 위한 첫 번째 미션은 '특별한 여행'입니다. 누구나 특별한 여행을 하고 싶다고 말합니다. 하지만 이렇게 저렇게 현실적인 조건을 고려하다 보면 결국 남들과 비슷한 여행을 하게 되지요. 그렇게 다녀오고 나면 '여행도 특별한 게 없구나' 생각하고 다음부터는 시도조차 하지 않습니다. 이렇게 되는 이유는 특별하다고 하면 뭔가 대단하고 창의적인 여행이 되어야 한다고 생각하고 너무 큰 기대를 하기 때문이지요.

시간여행이나 우주여행처럼 현실적으로 불가능한 여행이 특별한 여행일까요? 특별하다는 말은 '보통과 구별되게 다르다'는 뜻입니다. 일반적으로 우리가 생각하는 적당한 수준에서 조금만 벗어나 다르게 여행하면 특별한 여행이 될 수 있습니다.

사람들이 가장 많이 시도하는 방법은 특별한 장소로 여행을 떠나는 것입니다. 손쉽게 갈 수 없는 오지나 남들은 찾지 않는 숨겨진 여행지로 여행을 다녀오고 나면 특별한 여행이라 여겨지기 때문이지요. 그런데 생각해보면 유명하지도 않고 남들이 가지 않는 장소로 가려면 그냥 장소를 정하지 않고 떠나면 되지 않을까요?

기차 타고 가다 어느 이름 모를 역에 내려서 여행하면 그 동네가 특별한 여행지가 될 수 있습니다. 완행버스를 타고 여기저기 정처 없이 떠돌다 느낌 닿는 곳에 내려 여행하면 자연스럽게 특별한 여행지에 발을 내디딜 수 있습니다. 그저 남들이 좋다는 곳을 향해 진격하다 보면 보통의 여행이 될 것이고, 내가 좋은 곳을 스스로 개척하면 그게 바로 특별한 여행입니다.

이것으로 부족하다면 특별한 시간에 여행을 떠나봅시다. 다들 여행에 나서는 낮 시간보다 이른 새벽 어스름한 공기를 마시며 여행에 나서거나, 해가 지면 그때부터 시작하는 밤 여행도 특별한 여행이 됩니다.

경주를 여행한다면 낮에 돌아보는 경주와 밤에 돌아보는 경주는 분위기부터 완전히 다릅니다. 밤에 보는 신라 왕릉들과 안압지, 첨성대는 낮과는 다른 신비로움을 간직하고 있지요. 꽃이 필 무렵의 보문단지도 밤에는 분위기가 새롭습니다. 같은 곳을 가더라도 낮이냐 밤이냐에 따라 분위기가 완전히 달라집니다. 안전에 문제만 없다면 꼭 한번 시도해보세요.

드라마틱한 여행을 위한 두 번째 미션은 '갈등을 이겨내는 여행'입니다. 아이들과 주말마다 여행하다 보면 온갖 일들이 다 일어납니다. 그 가운데 가장 흔한 일이 슬프게도 아이들끼리 다투는 일이지요. 성향에 따라 조금씩 차이는 있지만, 대부분 다른 아이들과 다투고 화해하고 다시 어울려 노는 과정을 거칩니다.

그런데 재미있는 사실은 이렇게 다른 친구들과 갈등을 경험하고 그 갈등을 이겨낸 아이들이 그렇지 않은 아이들보다 여행에 더 흥미를 느낀다는 점입니다. 아무런 갈등도 없이 조용했던 아이들은 평소처럼 그저 담담하게 여행합니다. 하지만 다투고 화해하기를 반복했던 아이들은 서로 더 친밀해져 있습니다. 그 친밀함을 바탕으로 더 적극적으로 나서 여행합니다.

갈등은 지나치면 전체 분위기에 안 좋은 영향을 미칩니다. 하지만 아이들 스스로 이겨낼 수 있는 적당한 갈등은 오히려 열정을 불러일으키는 촉매제 같은 역할을 합니다. 그렇다고 아이와 함께 여행하면서 일부러 갈등을 조장하라는 이야기는 아닙니다. 갈등이 없으면 그것도 나름대로 좋은 여행입니다.

하지만 여행 중 힘들고 어려운 상황에 부딪히면 누구나 한 번쯤은 갈등을 경험하게 됩니다. 이때 다툼을 피하기 위해 갈등 상황을 일부러 외면하기보다는 적극적으로 해결하고 넘어가는 게 좋습니다. 이것도 아니고 저것도 아닌 찜찜하고 밋밋한 상황에서 여행하진 마세요. 지루한 여행보다는 굴곡 있는 여행이 훨씬 매력적입니다. 오히려 한 번의 폭풍이 몰아치고 그 폭풍을 잘 이겨낸다면 좀 더 끈끈한 관계를 만들 수 있고 인상 깊은 여행으로 남습니다.

드라마틱한 여행을 위한 세 번째 미션은 '속도감 있는 여행'입니다. 놀이공원에 가면 많은 놀이기구들이 있죠? 그 가운데 가장 인기 있는 놀이기구는 대부분 롤러코스터처럼 속도감이 느껴지는 기구들입니다. 이런 놀이기구는 대체로 처음엔 느렸다가 점점 빨라지고 속도가 최고에 달하면 다시 느려지고 또 점점 빨라지는 식으로 움직입니다. 놀이기구가 그냥 일정한 속도로만 움직인다면 고속도로를 일정한 속도로 달리는 자동차 안에 있는 것과 별다를 바 없겠지요. 하지만 놀이기구는 급격하게 속도를 조절하기 때문에 스릴 있고 속도감 있게 느껴집니다. 많은 사람들이 롤러코스터 같은 놀이기구를 찾는 이유도 이 때문이지요.

아이와 함께하는 여행도 속도감 있는 여행이 되면 좋습니다. 우선은 엄청난 스피드로 발 빠르게 여행해봅시다. 기차나 버스 시간에 쫓겨 내달려보기도 하고 몇 군데 일정을 바쁘게 잡아 속도를 올려보세요.

이렇게 정신없이 여행하다 어느 순간 반대로 아주 느리게 여행하며 여유를 즐겨보세요. 잔디밭에 자리 깔고 누워서 낮잠도 자 보고 한가롭게 의자에 앉아 차도 한잔 마셔보세요. 그렇게 여유를 즐길 때는 확실히 즐기고 속도를 올려야 할 때는 좀 고생스럽더라도 정신없이 뛰어다녀야 합니다. 그렇다고 사전에 준비 없이 여행하라는 이야기는 아닙니다. 준비를 완벽히 했을지라도 일부러 속도를 조절해 여행해봅시다.

아무런 굴곡도 없이 일정한 속도로 하는 여행은 재미없는 여행이 되기 쉽습니다. 오로지 빠른 스피드로만 여행하는 것도 수박 겉핥기 여행이 될 수 있지요. 너무 느린 속도로만 여행하면 긴장감 없는 여행이 됩니다. 빠르게 느리게 그리고 다시 빠르게 느리게 여행의 속도를 잘 조절하면 드라마틱한 여행을 만들 수 있습니다.

드라마틱한 여행을 위한 네 번째 미션은 '반전이 있는 여행'을 하는 겁니다. 반전이 있는 여행이란 어떤 여행일까요? 치밀한 준비와 계획에 따라 착실하게 진행되는 여행에서는 반전을 기대하기 어렵습니다. 미리 여행 책의 사진을 통해 파리의 에펠탑을 보고 가면 결말은 명확합니다. 그 자리에 사진 속 에펠탑이 그대로 있다는 것 정도를 확인하게 됩니다. 무슨 천지개벽할 반전이 있어서 에펠탑이 거꾸로 서 있진 않을 테니까요.

그러나 모르고 가면 생각지도 못한 반전이 생기기도 합니다. 밤이 되면 에펠탑에 조명이 켜지고 정해진 시간이 되면 조명이 별처럼 반짝거리는 쇼를 한다는 사실을 모르고 가면 뜻밖의 반전이 됩니다. 이런 흐뭇한 반전 말고 황당한 반전도 많습니다. 지하철을 타러 갔는데 공사 중이라 이용할 수 없거나, 유명한 맛집을 찾아가서 정말 맛없는 요리를 먹고 나오는 경우도 반전이라면 반전입니다.

반전 있는 여행은 여행 중 잘 모르거나 예측할 수 없는 상황을 경험하면서 시작됩니다. 배낭여행이나 도보 여행, 자전거 여행처럼 변수가 많은 여행을 하면 반전을 경험할 확률이 높지요. 이런 여행이 어렵다면 일부러라도 한 번쯤 처음 계획과는 달리 움직여보세요. 흐뭇한 반전을 겪든 황당한 반전을 겪든 반전 있는 여행은 끝나고 오랫동안 기억에 남습니다. 예측하지 못한 뜻밖의 상황이 곧 여행의 진정한 매력입니다.

특별한 여행, 갈등을 이겨내는 여행, 속도감 있는 여행, 반전이 있는 여행은 꼭 지켜야 하는 원칙은 아닙니다. 하지만 아이와 함께하는 여행을 더 풍요롭게 해주는 중요한 요령입니다. 이것을 잘 활용해서 아이와 함께 여행한다면 인상 깊은 여행, 드라마틱한 여행을 이끌 수 있습니다. 그러니 편하고 식상한 여행보다 힘들더라도 좌충우돌하는 여행을 시도

해보세요. 무슨 일이 일어날지 모르는 예측 불허의 상황이 나와 내 아이의 마음에 분명 인상 깊은 여행이라는 발자국을 남길 테니까요.

순발력 없는 사람만 보세요

여러분은 자기 자신을 순발력 있는 사람이라고 생각하나요? 순발력 있는 사람은 순간적인 상황 대처 능력이 뛰어납니다. 그래서 드라마틱한 여행을 할 수 있는 최고의 조건을 갖추고 있지요. 하지만 저처럼 순발력이 부족한 사람은 노력으로 부족한 부분을 채워야 합니다. 어떤 노력이 필요할까요? 발에 땀 나도록 뛰어다니면 안 될 거야 없지만 금방 지칠 겁니다.

시행착오를 줄이려면 시나리오를 작성해야 합니다. 드라마에 대본이 있듯이 여행에도 이런 것이 필요합니다. 뭐 대사까지 적을 필요야 있겠습니까? 내가 원하는 여행의 상황과 장면 정도를 간략하게라도 정해두면 편합니다. 돌발 상황을 고려해 대비책도 마련해두면 덜 고생하겠지요. 시나리오를 만드는 과정에서 자연스레 여행지 조사도 되고 계획도 세울 수 있으니 한번 시도해보세요. 물론 순발력 있다고 믿는 사람은 안 해도 좋습니다.

네 번째 약속
꿈이 있는 여행이란
생각하는 여행이다

우리 아이들의 꿈에 대해 진지하게 고민해봐야 할 때입니다. 제가 어렸을 때는 꿈을 물어보면 선생님, 과학자, 의사, 변호사 등 뻔한 직업 가운데 하나를 이야기했지요. 되고 싶은 이유도 뻔했습니다. '돈 많이 벌고 싶어서', '유명해지고 싶어서', '존경받고 싶어서'라고 돌아가면서 이야기했습니다. 마치 순서라도 정해놓은 것처럼요.

요즘은 어떨까요? 예전보다는 직업의 종류가 다양해졌습니다. 함께 여행하는 아이들에게 물어보면 연예인, 축구선수, 요리사, 영화감독처럼 예전에는 흔치 않았던 직업이 추가되었습니다. 물론 선생님, 과학자, 의사, 변호사는 아직도 인기입니다. 여기에 요즘 추가된 직업이 공무원입니다. 이렇게 직업의 종류는 다양해졌는데 이상하게도 되고 싶은 이유는 별로 달라지지 않았습니다.

역시 '돈 많이 벌고 싶어서', '유명해지고 싶어서', '존경받고 싶어서'라고 이야기합니다. 다른 이유도 생겼지요. '노래를 잘하니까', '춤 잘 추니까', '축구 잘하니까', '엄마가 되라고 해서' 같은 몇 가지 이유가 업데이트되었습니다. 물론 좀 더 이야기해보라고 하면 다시 '돈 많이 벌고 싶어서', '유명해지고 싶어서', '존경받고 싶어서'로 돌아갑니다. 시간이 흐르긴 했나 봅니다. 무언가 좀 더 추가된 걸 보면 말입니다. 하지만 왠지 모를 씁쓸함까지 추가되는 건 왜일까요?

꿈이란 뭘까요? TV 예능 프로그램 〈무릎팍 도사〉에 가수 김건모가 나온 적이 있습니다. 그때 꿈이 뭐냐고 묻는 강호동의 질문에 김건모는 '하늘을 나는 것'이라고 말했습니다. 물론 많은 사람들이 황당해 했습니다. 하지만 전 그것도 괜찮은 꿈이라고 생각합니다. 오히려 꿈이라는 말에 가장 어울리는 꿈이라고 봅니다.

꿈이 꼭 직업일 필요가 있나요? 그런데 우리 아이들은 모두 꿈이 뭐냐고 물으면 내가 잘하면서도 그걸로 먹고살 만한 직업을 말합니다. 정말 우리 아이들은 몽땅 다 직업인이 되는 게 꿈일까요? 일해서 돈 버는 게 아이들의 최종 목표일까요?

우리는 대부분 '꿈=직업'이라는 착각을 하며 삽니다. 직업 말고도 다른 많은 것들이 꿈이 될 수 있는데 말이지요. 이건 아이들의 착각일까요? 어른들은 꿈이 뭐냐고 물었는데 아이들이 제멋대로 직업을 이야기한 걸까요? 아닙니다. 어른들은 아이에게 꿈이 뭐냐고 묻고는 아이가 대답이 없으면 "꿈 없어? 의사, 변호사, 선생님 이런 거 말이야"라고 이야기합니다. 아이에게 자신의 경험을 들려줄 때도 "내가 어렸을 때 꿈은 대통령이었어. 그러니까 너도 꿈은 크게 가져야 해!"라고 이야기하며 꿈은 직업이라는 의식을 심어줍니다. 이건 대체 누가 정한 걸까요?

꿈이 직업이 되어야 한다는 것은 어른들의 일방적인 생각일 뿐입니다. 꿈을 무엇으로 정할지는 아이가 할 일입니다. 게다가 아이가 경찰관, 소방관, 청소부 같은 힘들고 어려운 직업을 꿈이라고 이야기하면, 금방 표정이 어두워지는 부모도 많습니다. 실제로 된 것도 아니고 그냥 되고 싶다고 말하는 것만으로도 걱정이 앞섭니다.

꿈이 없다고 이야기하는 아이를 보면 더욱더 걱정됩니다. 아이가 꿈이 없는 것은 말이 안 된다고들 하지요. 정말 그럴까요?

우리가 아이들에게 꿈을 묻는 이유는 숙제 검사하듯 꿈이 있는지 없는지 확인하려는 게 아닙니다. "커서 뭐 해먹고 살래?" 하고 앞으로의 돈벌이 계획을 묻는 것도 아니지요. 제가 아는 한 본래의 의도대로라면 커서 어떤 사람이 되고 싶은지, 어떤 일을 하고 싶은지 묻는 겁니다. 질문자의 숨은 의도는 '꿈을 갖고 살면 좋으니 너도 한번 꿈을 가져보렴' 하고 권하는 거지요. 아이에게 이런 직업을 가지라고 명령하지 않고 꿈을 묻는 이유는 아이의 의사를 존중하겠다는 의도도 담겨 있습니다. 아이가 살아가야 할 인생이니 아이에게 선택권을 주는 거지요.

꿈을 가질지 말지, 어떤 꿈을 가질지는 아이 스스로 결정할 수 있게 열린 질문을 던져야 합니다. 예상 답안을 미리 정해놓고 꿈을 묻는 것은 솔직하지 못한 질문이지요. 자칫하면 아이를 좌절하게 만들 수도 있습니다.

만약 의사, 변호사처럼 구체적인 직업을 꿈으로 가진 아이가 학교에서 공부는 중간 정도 한다면 어떨까요? 이렇게 공부해서는 의사, 변호사가 될 수 없으니 더 열심히 공부해야겠다고 생각하면 정말 다행입니다. 하지만 도무지 성적은 오르지 않고 중학생, 고등학생이 되면 그 꿈의 무게에 좌절합니다. 갈수록 불안감만 커지니 꿈 자체를 현실적인 회사원, 공무원으로 바꾸거나 그게 아니면 그냥 포기합니다. 꿈이 좌절감을 안겨줄 때 아이들은 생각합니다.

'그래, 꿈은 꿈일 뿐이야. 내 주제에 그렇게 될 리가 없지!'

이렇게 자존감이 낮아지면 꿈을 가지라고 말했던 어른들까지 불신의 대상이 되기도 합니다.

꿈은 '되어야 하는 직업'보다 '되고 싶은 사람', '하고 싶은 일'이어야 합니다. 없으면 안 되는 자격증 같은 것이 아니라, 없어도 되지만 언제든 가질 수 있는 열정으로 남아야 합니다. 부모의 욕심으로 아이들의 꿈을 만들면 안 됩니다. 그렇게 되었으면 하는 부담감을 안겨주면서, 그 꿈을 이루도록 내 아이를 등 떠밀지 마세요. 그럴 바엔 묻지도 따지지도 않고 그냥 내버려두는 편이 더 낫습니다. 아이 마음속에 자연스레 '되고 싶은 사람', '하고 싶은 일'이 생겨 부모에게 달려와 이야기하는 그 날까지. 부모에게는 기다리는 사랑이 필요합니다.

기다리는 것 말고 다른 방법은 없을까요? 부모로서는 손 놓고 기다리는 것도 괴로운 일입니다. 아이에 대한 믿음이 있더라도 주변에서 이런저런 이야기를 듣고 나면 불안감이 점점 커지기 때문이지요. 이럴 땐 부모가 먼저 꿈을 가져야 합니다. 그리고 그 꿈을 아이에게 이야기해보세요. 아이만 꿈을 가지라는 법은 없습니다. '되고 싶은 사람', '하고 싶은 일'이란 누구에게나 다 있습니다.

어른들의 꿈은 이미 마음속에 자리 잡고 있습니다. 많은 사람들이 자신이 원하는 게 무엇인지 알고 있지만, 두려움과 불안 때문에 그 꿈을 숨기고 살아가지요. 꿈을 찾다 내 생활이 무너질까 봐 또는 주변 사람들을 책임지기 위해 어쩔 수 없이 꿈을 외면하기도 합니다. 내 아이는 꿈을 갖길 원하면서 나는 왜 꿈을 외면할까요?

조금만 생각을 달리하면 지금도 충분히 꿈꿀 수 있습니다. 하루 10분만 꿈을 생각해보세요. 생각이 정리되면 하루 1시간만 그 꿈을 실천해보세요. 모든 것을 포기하고 꿈을 이루긴 어려워도 오랜 기간 꿈을 준비하는 것은 가능합니다. 이런 모습을 보인다면 아이도 덩달아 꿈을 가지고 나타나 외칠 겁니다. "내 꿈은 이거!"라고.

또 다른 방법은 아이와 함께 '생각하는 여행'을 떠나는 것입니다. 꿈은 어떻게 생기는 걸까요? 살면서 겪는 갖가지 경험 가운데 우리 마음속에 '나도 저 사람처럼 되고 싶다', '나도 이런 일 하고 싶다' 같은 생각이 들 때 싹틉니다. 이런 열망이 반복되면서 오랜 생각 끝에 확신으로 굳어지면 꿈으로 자리 잡게 되지요. 이 과정에서 가장 중요한 동력으로 작용하는 것은 경험과 생각입니다.

요즘 아이들이 체험학습이라는 이름으로 다양한 경험을 하면서도 제대로 꿈을 갖지 못하는 이유는 뭘까요? 바로 '생각하는 시간'이 빠져 있기 때문입니다. 우리 아이들의 체험학습은 그저 체험으로 끝납니다. 그리고는 생각할 여유도 그 어떤 계기도 허용하지 않는 바쁜 생활로 돌아가지요. 체험은 추억으로만 남습니다.

꿈이 싹트려면 생각하는 시간을 가져야 합니다. 그렇다고 방에 가둬두고 지금부터 생각하는 시간이라 이야기하면 될까요? 폐쇄된 공간에서 하는 생각은 부정적이고 소극적인 생각, 닫힌 생각이 될 가능성이 큽니다. 아이가 긍정적이고 적극적인 생각, 열린 생각을 할 수 있게 도와주려면 넓은 세상을 보여줘야 합니다. 여행을 떠나야 하지요.

아나톨 프랑스는 "여행이란 우리가 사는 장소를 바꾸어주는 것이 아니라 우리의 생각과 편견을 바꾸어주는 것이다"라고 했습니다. 온갖 일들이 가득한 세상을 직접 체험하고 부딪히면서 자연스럽게 생각할 수 있는 시간을 갖게 해보세요. 아이와 함께 생각하는 여행을 하다 보면 어느 순간 아이의 생각이 꿈으로 완성되어 아이를 이끌어나갈 겁니다.

그럼 어떻게 해야 생각하는 여행이 될까요? 여행의 나침반은 대체로 새로운 곳을 가리킵니다. 여행자는 익숙했던 주변 환경에서 벗어나 새로운 곳으로 발을 내딛습니다. 이 새로운 환경은 여행자에게 새로운 자극이 되고, 새로운 자극은 새로운 생각을 낳습니다. 익숙한 것이 아닌 새로운 것과의 만남이 곧 생각하는 여행을 위한 조건이 되지요.

여행에서 새로운 것과의 만남은 꼭 장소만을 뜻하지 않습니다. 처음 보는 유물과 유적, 다양한 그림, 처음 먹어보는 음식, 다른 언어를 사용하는 사람과의 대화처럼 새로운 문화, 새로운 사람과의 만남도 포함됩니다. 이 가운데 특히 새로운 사람과의 만남은 많은 생각을 하게 합니다.

어렸을 때 저는 미군 부대 아파트 근처에 살았습니다. 학교를 마치고 집에 가는 길에 미국사람들을 보곤 했지요. 그때는 덩치도 크고 얼굴색도 다른 미국 사람들이 막연히 무섭게 느껴졌습니다.

그러다 어느 날 오줌이 너무 마려워 집으로 뛰어가던 중 도저히 참을 수 없는 순간이 왔지요. 주변엔 미군 부대 아파트에서 나오는 흑인 아저씨 한 사람뿐이었습니다. 역시 급하면 뭐든지 하는 모양입니다. 용감하게 흑인 아저씨에게 달려가 한국말로 "화장실 어디예요?" 하고 물었습니다. 그러나 한국말을 알아들을 리가 없었지요. 오줌 누는 시늉과 온갖 손짓, 발짓을 동원해 위급함을 알렸습니다. 다행히 제 보디랭귀지를 이해한 흑인 아저씨는 친절하게 화장실로 저를 데려다줬습니다. 볼일을 끝내고 행복해하는 저에게 몇 가지를 물어보고는 웃으면서 초코바도 하나 선물해줬습니다. 저는 제가 아는 유일한 영어인 '땡큐'를 연발하며 웃으면서 집으로 돌아왔지요. 돌아오는 길에 많은 생각을 했습니다.

'내가 외국인과 이야기하다니! 아까 그 흑인 아저씨 무섭게 생겼는데 되게 착하네. 역시 겉모습만 보고 판단하면 안 돼. 그 아저씨 내일도 있을까? 초코바 하나 더 달라고 해봐? 군복 멋지던데 나도 군인이나 해볼까?'

평소에 그렇게 자주 미국 사람들을 봤지만, 그때 그 흑인 아저씨와의 짧은 만남은 잊을 수 없었습니다. 이렇게 새로운 만남은 언제나 많은 생각과 강한 인상을 남깁니다. 생각하는 여행을 하기 위해선 생각을 이끌어낼 만한 '새로운 만남'에 도전해야 합니다.

생각하는 여행을 하기 위한 또 다른 조건은 '여백이 있는 여행'입니다. 지금은 좀 달라졌지만 예전엔 우리나라 사람들의 여행 스타일을 '빨리빨리'와 '많이 많이'로 충분히 설명할 수 있었습니다. 어딜 가든 서둘러서 얼른 해치워야 하고, 일단 가면 최대한 많이 보고 와야 했습니다. 이 원칙을 지키기 위해 굳은 의지로 강행군하던 많은 여행자에게 여행은 그저 사진으로 남아 있는 좋은 추억거리일 뿐입니다.

저에게도 처음부터 끝까지 바쁘기만 했던 여행은 정신없이 교통수단을 갈아탔던 여행으로만 기억되어 있습니다. 물론 그때도 아무 생각 없이 여행하진 않았지요. 하지만 정신없는 일정으로 인해 그 생각들이 제대로 정리되지 못하고 허무하게 사라져버렸습니다.

반면 바쁘다가도 중간중간 생각할 만한 여유와 시간이 있었던 여행은 아직도 그때의 느낌과 생각이 잘 정리되어 기억납니다. 특히 간단하게라도 메모해두었던 것들은 비교적 뚜렷하게 떠오릅니다.

아이와 함께 여행하면서 어느 정도의 여백은 남겨두세요. 시간을 내어 일부러 지루해지라는 이야기가 아닙니다. 이동하는 기차 안에서든, 비행기를 기다리는 공항에서든, 길을 걷다 우연히 들리게 된 공원에서든 여유가 있을 때 명상까지는 아니더라도 잠시 멍하니 있어 보세요. 멍하니 있는 순간 인간의 뇌는 휴식을 통해 정보와 경험을 정리하는 시간을 가집니다. 기억을 축적해 다른 생각을 할 수 있는 밑바탕을 만듭니다. 불필요한 정보를 삭제해 새로운 여백을 만들어내기도 합니다.

멍하니 있는 시간을 아깝다고 생각하지 마세요. 문득 떠오른 생각이 한층 더 성장하는 깨달음이 되기도 하고, 삶의 방향이 되기도 하니까요.

생각하는 여행을 하기 위한 마지막 조건은 '음악이 흐르는 여행'입니다. 음악은 사람의 감성을 자극합니다. 똑같은 상황에 처해 있더라도 음악을 들을 때의 정서와 듣지 않을 때의 정서는 차이가 납니다. 같은 시간, 같은 장소를 똑같이 여행해도 음악이 있을 때 더 감성적인 여행이 됩니다. 밤이고 낮이고 음악이 흐르는 도시는 여행자에게 낭만의 도시로 기억됩니다. 하지만 공사장 소음과 시끄러운 자동차 엔진 소리가 가득한 곳은 스트레스로 남을 뿐이지요.

사실 여행자에게 음악이 필요한 이유는 '불안'과 관련이 있습니다. 낯선 곳에서 신체적으로 정신적으로 힘든 상황이 되면 누구나 불안을 느낄 수밖에 없습니다. 불안할 때 음악은 심리적 안정감을 줍니다. 긴장과

스트레스로 가득했던 마음속에 편안함을 가져다주죠. 이런 편안함은 곧 생각할 수 있는 좋은 환경이 됩니다.

아무리 좋은 곳을 가더라도 마음이 불편하면 깊이 생각하지 못합니다. 불편한 상황을 해소하고자 하는 마음만 강해지기 때문입니다. 이럴 때 불안한 마음을 안정시키기 위한 좋은 방법이 음악을 듣는 겁니다. 항상 귀에 이어폰을 꽂고 다니며 음악을 동반한 여행을 하라는 이야기는 아닙니다. 귀에 이어폰을 꽂고 이동하는 건 매우 위험합니다. 건강에도 좋지 않으니 특별한 상황이 아니라면 하지 마세요. 대신 오랜 시간 지루하게 기다려야 하거나, 분위기 전환이 필요할 때 음악을 적절하게 활용하면 좋습니다.

가능한 한 아이와 함께 듣는 게 좋지만 음악적 취향이 다를 경우 존중해주세요. 어떤 음악이 좋은지 왜 좋은지 이야기해보고, 서로 좋은 음악을 추천해준다면 더 좋습니다. 공자는 "시를 읽음으로써 바른 마음이 일어나고, 예의를 지킴으로써 몸을 세우며, 음악을 들음으로써 인격을 완성하게 된다"고 했습니다. 생각하는 여행도 음악을 통해 완성될 수 있으니, 아이와 함께 떠나는 여행에 멋진 배경 음악을 한번 깔아보세요.

새로움, 여백, 음악이 갖춰진 여행은 내 아이에게 생각의 기회를 선물해줍니다. 하지만 생각을 통해 자신만의 꿈을 가지는 것은 어디까지나 아이의 선택에 달려 있습니다. 꿈이 있고 없음에 너무 매달리지 마세요. 꿈은 아이가 스스로 가질 수 있게 기다려줘야 합니다.

꿈이 없다고 고백하는 아이에게 우리는 어떤 자세를 취해야 할까요? 꿈이 없다는 것은 어떤 삶이든 살 수 있는 가능성을 의미하기도 합니다. 꿈이 없다고 이야기하는 아이를 마치 죄인처럼 취급하지 마세요. "그럼 넌 뭐든지 될 수 있겠네?" 하고 무한한 신뢰를 보여준다면 언젠가 내 아이가 달려와 또 외칠 겁니다. "내 꿈은 이거!"라고.

아이에게 '생각 휴가'를 주세요

생각이 꿈을 낳습니다. 생각할 시간이 없거나 스트레스가 심하면 꿈도 없습니다. 때로는 급조된 거짓 꿈으로 포장하기도 하지요. 우리 아이들에게 생각할 시간을 주는 일은 꽤 시급한 문제입니다. 바빠서 지치고 스트레스가 쌓이면 어떤 식으로든 탈이 납니다. 아이도 휴가가 필요합니다. 방학이 있는데 무슨 휴가냐고요? 요즘은 방학 때도 학원 다니기 바쁩니다. 빈틈없는 스케줄로 인기 연예인같이 사는 아이도 많습니다. 소위 '엄친아'를 만들기 위한 엄마들의 노력이 뉴스에도 나옵니다.

아이에게도 휴가를 주세요. 1년에 10일이든 15일이든 주고 아이가 원할 때 쓰도록 하면 좋겠습니다. 그날은 학교 가는 일 빼곤 아이 마음대로 할 수 있게 해주세요. 아마 청소년들은 아주 좋아할 겁니다. 생각이 꿈을 낳습니다. 아이에게 생각할 시간을 주는 '생각 휴가' 어떤가요?

다섯 번째 약속
딩동! 노는 여행,
신나는 여행으로부터 전달된 메시지

읽지 않은 메시지 1

어느 날 시내 서점에서 친구를 기다리고 있었습니다. 그러다 우연히 김정운 교수의 《노는 만큼 성공한다》라는 책을 읽었지요. 목차를 보고 눈에 들어오는 부분을 잠시 읽었는데, 거의 30분 동안 그 자리에 서서 눈을 떼지 못했습니다. 정신을 차리고 보니 약속 시간이 지나버렸네요. 책을 사서 약속 장소로 급히 뛰어갔습니다. 친구와 이야기하는 동안에도 계속 책 생각이 맴돌았습니다.

집에 와 남은 부분을 읽어나가니 마치 소화제를 먹은 것처럼 속이 뻥 뚫리는 느낌을 받았습니다. 보는 동안 '그래, 이거야! 내가 찾아다녔던 이야기가!'라고 생각했지요. 막연하게 가졌던 생각에 확인 도장을 받은 것 같은 느낌이었습니다. 놀자는 이야기를 이렇게 재미있게 쓰다니! 아직 안 읽어봤다면 꼭 한번 읽어보길 권합니다. 이 책에는 이런 내용이 나옵니다.

심리학적으로 창의력과 재미는 동의어다. 사는 게 전혀 재미없는 사람이 창의적일 수 없는 일이다. (중략) 재미를 되찾아야 한다. 그러나 길거리에 걸어 다니는 사람들의 표정을 한번 잘 살펴보라. 행복한 사람이 얼마나 되나. 모두들 죽지 못해 산다는 표정이다. 어른들만 그런 것이 아니다. 21세기의 한국사회를 이끌어나갈 청소년들의 사는 표정은 더 심각하다.

김정운 교수의 말대로 우리는 재미를 되찾아야 합니다. 행복하다고 말하는 사람은 사는 재미를 느끼는 사람입니다. 매일 아침 일어날 때마다 가슴이 두근거리고 하루가 재미있을 것 같다면 얼마나 행복할까요? 사는 게 즐겁고 재미있으면 행복입니다. 여행도 마찬가지입니다. 행복한 여행이 되려면 즐겁고 재미있는 여행이 되어야 합니다. 앞뒤를 바꿔서 이야기해도 비슷합니다. 즐겁고 재미있게 다녀온 여행은 행복한 여행입니다. "우리는 결국 행복해지기 위해 산다"는 말에 동의한다면 더 설명할 것도 없을 겁니다. 이제 시작해봅시다. 즐겁고 재미있는 여행을 위한 준비를.

당연한 이야기겠지만 여행은 즐거워야 합니다. 이에 반대하는 사람은 없을 테지요. 하지만 '노는 여행'을 해야 한다고 하면 의문이 듭니다. 여행으로 교육하라고 외치면서 무슨 노는 여행? 이유는 간단합니다. 노는 여행을 해야 신나는 여행이 되고, 신나는 여행을 해야 즐거운 여행이 되기 때문입니다. 그런데 즐거운 여행은 선뜻 동의가 되지만, 노는 여행은 쉽게 동의할 수 없는 이유가 뭘까요? 우리는 보통 논다는 것을 일하는 것의 반대 개념쯤으로 생각하는 경향이 있습니다. 노는 것은 일하지 않고 인생을 낭비하는 것이라 여기기도 하지요.

이솝 우화에 나오는 개미와 베짱이 이야기는 이런 생각을 더 확고하게 해줍니다. 여름 동안 열심히 일한 개미는 겨울을 넉넉하게 보내고, 계속 놀기만 하던 베짱이는 겨울을 비참하게 보냅니다. 열심히 일하면 그만큼 보상을 받습니다. 미래를 대비하지 않고 게으른 생활을 하면 나중에 곤란해진다는 교훈을 전합니다. "놀기만 하면 너희도 베짱이처럼 될 테니 개미처럼 열심히 일하면서 살아라"고 이야기하는 것 같습니다.

여기서 생기는 오해 가운데 하나가 놀면 불행해진다는 생각입니다. 놀 땐 놀고, 일할 땐 일하는 게 더 중요하겠죠? 일을 제쳐두고 노는 건 불행의 씨앗이라 여기기도 합니다. 반대로 일은 신성한 것이고 행복의 열쇠라 여기죠. 이렇게 노는 것과 일하는 것의 공존을 금하고 반대 개념처럼 설정하면서, 우리를 놀면 안 된다는 함정에 빠뜨립니다.

일하는 것의 반대는 노는 것이 아니라 쉬는 것입니다. 노는 것과 쉬는 것은 엄연히 다르지요. 이것을 명확히 정하고 이야기를 시작해야 합니다. 더 엄밀히 말하면 '일하는 것'의 반대는 '일하지 않고 쉬는 것'입니다. '노는 것'의 반대도 '놀지 않고 쉬는 것'입니다. 일하는 것과 노는 것은 쉬지 않고 행하는 여러 가지 활동입니다.

그러나 둘 사이에는 중요한 차이점이 있습니다. 일하는 것은 대체로 돈이나 성취감 같은 것을 얻기 위해 시작되지만, 노는 것은 재미를 얻기 위해 시작됩니다. 일하는 것은 먹고살기 위해선 어쩔 수 없다는 이유로 계속되지만, 노는 것은 즐겁고 재미있다는 이유로 계속 이어집니다. 그러니 일은 돈을 받는데도 억지로 하게 되고, 노는 것은 돈을 내는데도 스스로 찾아서 하게 됩니다.

그렇다면 우리는 어떤 방식으로 여행하는 게 좋을까요? 일하듯이 억지로 하는 여행? 노는 것처럼 스스로 찾아서 하는 여행? 당연히 노는 여행, 신나는 여행을 해야 자발적인 여행이 되고 재미도 느끼는 여행이 됩니다.

읽지 않은 메시지 2

이제 아이의 입장에서도 한번 생각해봅시다. 아이에게 논다는 것은 어떤 의미일까요? 대한적십자사에서 주최하는 현장체험학습 안전과정에 참여한 적이 있습니다. 그때 현직 교사인 강사에게 이런 이야기를 들었습니다.

"아이들은 어른과 달리 다리 쪽에 기운이 모여 있습니다. 그래서 이 기운을 해소하기 위해 항상 뛰어다니면서 놀지요."

이 이야기는 여기서 처음 들은 것은 아닙니다. 아이 교육에 관심 많은 사람들로부터 몇 번 들었던 이야기지요. 아이들은 걷기 시작하면 집 안은 물론이고, 놀이터에서도 이리저리 정신없이 뛰어다닙니다. 여기서부터 저기까지 1m도 되지 않는 거리도 뛰어갑니다. 누가 뛰라고 시킨 것도 아닌데 알아서 열심히 뛰어다닙니다. 그래서 이 시기의 아이를 키우는 부모들은 차라리 기어 다닐 때가 더 좋았다고 말하기도 합니다.

왜 그럴까요? 불안하기 때문입니다. 좌충우돌하며 뛰어노는 아이를 바라보는 게 괴롭습니다. "뛰지 마라. 위험하다. 거기 가면 안 된다"고 아무리 외쳐도 아이는 자꾸만 부모가 그어놓은 테두리에서 탈출하려 합니다. 뛰어다니며 노는 것은 아이들의 본능입니다. 아이들은 본능적으로 뛰어다니며 넘치는 에너지를 해소하려 합니다.

그런데 어른들은 자꾸만 뛰지 말라고 나무랍니다. 그렇게 앉혀 놓은 아이에게 책을 가져다주지요. 에너지를 충분히 해소하지 못한 아이는 그 에너지를 어떻게 해야 할지 모릅니다. 누군가를 때리든지 떼를 쓰며 울면서 에너지를 소비하려 애쓰지요. 그러니 아이들은 마음껏 뛰어다녀야 합니다. 이 시기의 아이들은 뛰는 게 곧 노는 겁니다. 아이들에게 뛰어노는 것만큼 자연스러운 활동은 없습니다.

아이가 좀 더 크면 규칙을 정해 뛰어놀고 싶어 합니다. 그래서 술래잡기 같은 놀이를 하며 뛰어다니지요. 이쯤 되면 또래의 아이들과 노는 것을 즐깁니다. 또래와의 놀이가 시작되는 순간 남자아이와 여자아이의 노는 방식은 조금씩 달라집니다. 본능적인 놀이보다는 문화에 속하는 놀이를 즐기게 되기 때문이지요. 그렇게 문화를 경험하다 어느 순간부터는 어른들의 문화를 따라 하는 쪽으로 놉니다. 이런 경향은 청소년기가 되면 더욱 뚜렷해집니다.

어떻게 놀든지 아이들은 노는 것을 멈추지 않습니다. 시간이 지나면서 좀 다르게 놀 뿐이지 노는 것을 포기하진 않습니다. 누가 강제로 놀지 못하게 가둬놓는다면 모를까 그냥 두면 아이들은 계속 놉니다. 아이들에게 노는 것은 곧 삶입니다. 그날 잘 놀았으면 그날은 행복한 하루지요. 놀이 운동가로 불리는 편해문은 《아이들은 놀이가 밥이다》에서 이렇게 말합니다.

놀아야 사람이고 놀아야 아이다. 부모와 교사들이 이 명제를 순순히 받아들였으면 한다. 우리도 아이였을 때 공부 안 하고 가방 던져놓고 만날 놀았다고 아이들에게 솔직히 고백부터 하자. (중략) 아이들은 공부하고 싶은 생각 조금도 없다. 오로지 놀 생각뿐이다. 그리고 아이들은 지금 어떻게든 놀고 있다. 한

결같이 놀 궁리만 하는 아이가 아직 가까이 있거들랑 그 아이를 꼭 품어주자. "너 아직 살아 있었구나!" 이렇게 감격하며 말이다.

아이들에게 논다는 것은 본능적인 활동입니다. 본능이니까 시키지 않아도 합니다. 그냥 놔두면 아이들은 저절로 놀게 되어 있지요. 하지만 현실이 아이들을 그냥 놔두지 않습니다. 아침 일찍 일어나면 학교에 가야 합니다. 학교 마치면 학원 가야지요. 요즘은 학원이 기본 2~3개라지요.

바쁘기만 한 아이들은 지쳐갑니다. 지친다는 게 꼭 체력이 고갈되어 간다는 의미는 아닙니다. 충분히 놀지 못해 지치는 아이들도 상당히 많습니다. 아이들은 충분히 놀지 못하면, 다른 활동을 할 수 있는 에너지를 얻지 못합니다. 놀이 본능이 충족될 만큼 에너지를 계속 소비해야 새로운 에너지가 만들어지고, 그 새로운 에너지로 다른 활동에 집중할 수 있습니다.

실제로 저와 함께 여행을 다니는 아이들을 잘 살펴보니 여행지에 도착하자마자 박물관을 돌아볼 때보다, 어느 정도 뛰어놀고 나서 박물관을 돌아볼 때가 집중력이 더 높았습니다. 에너지를 발산하고 싶지만 억누르고 있는 아이와 충분히 에너지를 발산하고 새로운 에너지로 시작하는 아이는 눈빛부터 다릅니다. 그러니 아이와 함께하는 여행도 노는 여행이 되어야 합니다. 노는 여행이야말로 아이들의 특성에 가장 어울리는 여행이기 때문입니다.

읽지 않은 메시지 3

노는 여행은 어떻게 해야 할 수 있을까요? 놀아야 한다는 것은 알겠는데 어떻게 노는 여행을 하란 말일까요? 우선 "그냥 놀자"고 말하고 싶습니다. 우리가 자꾸 구체적인 방법이나 요령을 찾아다니는 이유는 혹시 더 효율적이고 확실한 방법이 있지 않을까 하는 기대감 때문이지요. 그런데 이런 생각의 이면에는 노는 것을 일처럼 여기는 무의식이 자리 잡고 있습니다. 노는 것조차 효율적이고 확실해야 한다니 어떻게 생각해보면 서글픕니다.

우리의 어린 시절을 생각해봅시다. 그때는 무슨 효율적이고 확실한 방법이 있었나요? 그냥 놀았습니다. 막 뛰어다니다가 친구가 있으면 친구와 함께 뛰어다녔습니다. 친구가 우리 집 대문을 두드리며 "노올자~"를 외치면 만사를 제쳐두고 나가 놀았습니다. 이렇게 놀아라, 저렇게 놀아라 이야기해주는 사람 없이도 하루 종일 잘 놀았습니다.

그때 주어진 것은 그저 놀고 싶다는 마음뿐이었습니다. 지금도 놀고 싶은 마음만 있으면 어떻게든 놀 수 있습니다. '놀고 싶지만 시간이 없어서', '놀고 싶지만 돈이 없어서'라는 말은 놀기 싫다는 말입니다.

노는 여행도 마찬가지입니다. '그래, 노는 여행도 하면 좋지' 하고 머리로 생각하는 것과 '이번 여행에선 정말 실컷 놀겠어! 지쳐서 못 놀 때까지!' 하고 마음속 깊이 바라는 것은 차이가 있습니다. 아이와 함께 떠나는 부모의 마음부터 놀고 싶다는 열망으로 가득 차면 어떤 식으로든 노는 여행, 신나는 여행을 시작할 수 있습니다.

마음이 준비되었다면 이제 노는 여행을 위한 큰 그림을 그려봅시다. 노는 여행은 아이의 나이에 따라 크게 두 가지로 나누어 생각할 수 있습니다. 우선 아이가 어리다면 여행하면서 놀이 시간을 따로 가지는 여행을 계획해보세요. 장소는 가까운 곳으로 가고, 잔디밭처럼 놀기에 적당한 공간이 마련되어 있으면 좋습니다. 여기저기 들린다고 일정에 쫓기는 것보다는 아이와 함께 놀기 위해 여행 왔다고 생각하고 놀이 자체에 많은 시간을 들이세요. 그런데 이쯤에서 드는 생각이 있습니다.

'대체 뭐 하고 놀지?'

아이가 어릴수록 놀이는 간단하고 단순한 것부터 시작해야 합니다. 우선 몸으로 놀아주기를 해보세요. 달려가서 잡고 다시 도망가고 또 잡고 하는 단순한 잡기 놀이는 매우 좋은 놀이입니다. 또는 숨어 있다가 나타나거나 숨어 있는 아이를 찾는 놀이도 쉽고 간단하게 즐길 수 있습니다. 아빠라면 씨름이나 말타기 놀이도 시도해보세요. 아이와 함께 뒹굴다 보면 특별한 규칙이 없어도 즐겁게 시간을 보낼 수 있습니다.

몸으로 하는 놀이가 지겨워진다면 이제 주변에 있는 것을 활용해 놀이를 만들어보세요. 땅을 파서 나온 돌이 고구마라고 생각하고 함께 요리해보든지, 흙을 뭉쳐서 미니 눈사람처럼 만들 수도 있습니다. 줄이 있다면 줄넘기를 할 수도 있고, 가족끼리 묶어서 기차가 될 수도 있습니다. 주변에 놀이터가 있다면 놀이기구를 이용해 노는 것도 좋습니다. 요즘은 블로그나 각종 육아서적에 다양한 놀이 방법이 소개되어 있으니 참고해보세요.

아이와 놀 때 알아두어야 할 것은 아이의 집중력이 생각보다 매우 짧다는 사실입니다. 오타 토시마사가 쓴 《내 아이를 위한 아빠의 3분 육아》에는 다음과 같은 내용이 나옵니다.

실제로 유아 교육에서는 '아이의 집중력은 나이+1분'이라고 한다. 가령 두 살짜리라면 '2+1=3', 즉 3분이 집중력의 한계라는 뜻이다. 그래서 초등학교 저학년은 수업 시간이 50분으로 되어 있어도 내용은 10분 단위로 구성하는 게 정석이다. 아이가 두 살이라면 3분 동안 아이와 노는 데 열중하자. 그러면 합격이다. 그 이상은 아빠도 어렵겠지만, 우선 아이가 질려버린다. 단 그 3분을 제대로 연출하는 것이 중요하다.

아이가 잡기 놀이를 하고 있다가 갑자기 다른 놀이를 하자고 해도 이상하게 생각하지 마세요. '내가 아이와 잘 못 놀아주는구나' 생각하거나 '우리 아이는 하나에 잘 집중하지 못한다'고 오해할 필요가 없습니다. 아이가 어릴수록 짧고 굵게 노는 것이 좋습니다. 나머지 시간은 새로운 놀잇거리를 찾거나 주변을 탐색하며 보내면 됩니다.

가장 좋은 놀이는 아이들이 스스로 만들어내는 놀이입니다. 아빠나 엄마가 아이와 놀면서 해야 할 일은 아이에게 노는 방법을 가르쳐주는 것입니다. 지금은 함께 놀지만 언젠가는 아이 스스로 놀 수 있도록 이끌어야 하거든요.

만약 아이가 어떤 놀이를 만들어 부모에게 함께하자고 한다면? 스스로 놀기 위해 한발 내디딘 겁니다. 그 첫걸음이 순조로우면 아이는 계속 놀이를 만들어내겠지요. 시간이 된다면 기꺼이 함께하세요. 시간이 없어 지금 당장 놀기 힘들다면 구체적으로 언제 할지 이야기하고 꼭 약속을 지켜야 합니다. 아이가 만든 놀이를 함께하고 격려해주면, 그 어떤 놀이를 함께하는 것보다 신뢰를 쌓을 수 있거든요.

어린아이에게 놀이는 매우 중요합니다. 놀이를 통해 부모와 소통할 수 있고, 긍정적인 자존감도 만들 수 있습니다. 아이가 스스로 만든 놀이를 부모가 진지하게 받아들이면, 아이는 부모에게 존중받고 있다고 느낍니다. 이때 생긴 아이의 자존감은 다른 아이들과 놀이를 할 때 적극적으로 나설 수 있는 자신감이 되기도 합니다. 부모와의 놀이가 자존감을 만들어주고 사회성으로 연결되는 거지요.

아이가 어릴수록 아이와 노는 시간을 소중히 여기세요. 이 시간은 부모와 아이가 서로에게 사랑한다고 몸으로 말하는 시간이니까요. 아이가 스스로 놀이를 만든다면 기뻐하세요. 아이가 '저 이만큼 컸어요' 하고 자랑하는 순간이니까요. 이 순간 아이에게 자신이 얼마나 사랑스럽고 멋진 아이인지 말없이 가르쳐주세요. 아이는 놀면서 큽니다.

읽지 않은 메시지 4

아이가 초등학교 고학년이거나 청소년이라면 여행 자체가 놀이가 되는 여행을 계획해봅시다. 아이가 어릴 때는 여행지에 가서 따로 놀이 시간을 가져야겠지만, 아이가 크면 여행 자체를 즐길 수 있게 이끌어줘야 합니다. 물론 어느 날 갑자기 하루아침에 가능한 건 아닙니다. 여행을 하면서 스스로 해내는 활동을 조금씩 늘려나가야 가능하지요. 최종 목표는 스스로 자신의 여행을 하는 겁니다.

스스로 여행하기 위해서는 무엇보다 여행 자체에 재미를 느껴야 합니다. 여행에 재미를 느끼려면 여행을 놀이처럼 즐길 수 있어야 하지요. 여행을 즐기지 못한다면 모든 걸 스스로 해낼 수 있더라도 소용없습니다.

여행 자체가 놀이가 되려면 어떻게 해야 할까요? 처음부터 여행을 놀이처럼 즐기기에는 무리가 있습니다. 아이가 아니라 어른이라도 쉽지 않은 일입니다. 우선은 여행에 놀이의 요소를 조금씩 포함시켜 흥미를 느끼게 하는 게 중요합니다.

〈무한도전〉이나 〈1박 2일〉 같은 TV 예능 프로그램에선 어떻게 하나요? 출연자들에게 미션을 주고 몇 가지 규칙을 지키며 미션을 수행하도록 하죠? 이런 예능 프로그램의 영향 때문인지 요즘은 아이들이 여행을 갈 때마다 "선생님, 미션 내주세요!"를 외칩니다. 그래서 여행지에서만 할 수 있는 몇 가지 미션들을 내주곤 하는데, 미션을 이야기하는 순간은 그 어느 때보다 초롱초롱한 눈빛으로 집중합니다. 체험학습을 하는 단체들이 많아지면서 이제는 이런 활동도 일반화되어가는 추세지만, 여전히 아이들의 흥미를 돋우는 데 효과가 높습니다. 그러니 아이들과 여행 갈 때 미리 여행지에서 할 수 있는 몇 가지 미션을 준비해가면 도움이 됩니다.

미션의 내용은 여행지와 관계없는 생뚱맞은 것보다 미션을 수행하는 과정에서 자연스레 여행지에 대해 생각해볼 수 있는 게 좋습니다. 예를 들어 경남 김해로 여행을 간다면 금관가야의 시조 김수로왕의 이야기가 흥미롭습니다. 국립김해박물관 뒷산인 구지봉에는 김수로왕의 탄생 설화가 전해지지요. 이 설화 속에 나오는 〈구지가〉라는 노래를 미리 조사해 적어가 보세요. 아이에게 김수로왕 탄생 설화를 이야기해준 다음 '구지봉 정상에서 구지가 부르기' 미션을 내주는 건 어떨까요?

사실 구지봉 정상에는 비석 하나와 표지판 하나뿐입니다. 워낙 이름난 이야기라 '여기가 거기구나' 할 뿐이지 그냥 뒷산 꼭대기지요. 하지만 여기서 옛 가야 사람들처럼 왕을 맞이하는 의식을 벌인다면 특별한 곳이 됩니다. 노래만 부르지 말고 의식을 거행하듯이 발도 굴러보고 손

뼉도 치면 더 좋습니다. 아이가 혼자라면 가족들끼리 다 같이 해보세요. 치옴엔 좀 어색하더라도 분명 재미있는 추억이 될 겁니다. 미선을 통해 아이가 이런 활동을 하게 된다면 "금관가야를 세운 김수로왕은 이렇게 태어났다"고 굳이 말하지 않더라도 몸으로 익히게 되겠지요.

이런 활동은 어디까지나 흥미를 불러일으키는 것이 목적입니다. 그 자체가 완벽한 놀이라고 생각해선 안 됩니다. 놀이는 아이가 자발적으로 시작해야 하기 때문입니다. 아이가 주체가 되어 주도하면서 재미를 느껴야 하지요. 아이들에게 미선을 주는 활동은 대체로 어른들이 주도하고 활동도 어른들이 정하기 때문에 분명한 한계가 있습니다. 이 활동에 너무 익숙해지면 어른의 도움 없이는 놀지 못하는 상황이 벌어지기도 합니다. 그러니 여행에 흥미를 느낄 수 있을 만큼만 적당히 활용하세요. 되도록 아이들이 스스로 활동을 만들어낼 수 있게 분위기를 만들고 격려해주는 것이 더 좋습니다.

아이가 여행에 흥미를 느끼기 시작했다면 조금씩 여행의 주체가 되게 하세요. 초등학교 고학년이거나 청소년이라면 충분히 해낼 만한 능력이 있습니다.

다만 걸림돌이 되는 것은 한번 경험해보기까지 갖는 막연한 두려움과 걱정, 불안감입니다. 이런 심리적인 부분을 극복하려면 편안한 분위기를 만들어야 합니다. 아이들이 놀이를 할 때 친한 친구들과 함께하려 하는 것은 그만큼 분위기가 중요하기 때문이지요. 편안한 분위기에서 자신감을 갖게 하는 격려까지 더해진다면 분명 아이는 시도할 겁니다. 그리고 그것이 성공으로 이어진다면 더 큰 자신감으로 보상받겠지요. 하지만 실패한다면? 좋은 분위기로 시작했다면 실패도 확실한 성공의 한 단계로 받아들일 수 있습니다.

놀이를 하다 보면 누군가는 이기고 누군가는 지게 됩니다. 하지만 한 번 이기고 진다고 해서 놀이가 끝나는 것은 아닙니다. 다시 기회는 주어지고 졌던 아이가 이기기도 하고 이겼던 아이가 지기도 합니다. 아이는 더 어릴 적부터 해왔던 놀이를 통해 본능적으로 잘 알고 있습니다. 그러니 분위기만 괜찮다면 실패해도 다시 시도할 수 있습니다.

그럼 부모의 역할은 분위기를 만드는 게 다일까요? 일차적으로는 분위기를 만드는 것이 중요합니다. 하지만 좀 더 세밀하게 들어가면 아이에 따라 탄력적으로 대응할 수 있는 구체적인 방안이 필요합니다.

읽지 않은 메시지 5

방안을 마련하기 위해 교육심리학의 세계로 잠시 눈을 돌려봅시다. 교육심리학에서 자주 언급되는 사람 가운데 레프 비고츠키라는 심리학자가 있습니다. '교육심리학계의 모차르트'라고 불릴 정도로 천재성을 인정받은 사람이지요.

그는 아이의 이해력, 기억력, 문제해결력 같은 인지 능력이 어떻게 발달하는지 연구했습니다. 그 결과 '아이는 어른과의 사회적 상호작용을 통해 문화적으로 의미 있는 행동을 배운다'는 이론을 만들어냈지요. 쉽게 말해 아이는 다른 사람과의 관계 속에서 배우고 성장한다는 이야기입니다.

이 이론에는 '근접발달영역'이라는 흥미로운 개념이 나옵니다. 근접발달영역이란 아이가 혼자 할 수 있는 일(실제적 발달수준)과 다른 사람의 도움을 받아서 할 수 있는 일(잠재적 발달수준) 사이에 존재하는 영역입니다. 비고츠키는 이 근접발달영역 안에서 교육이 이루어질 때 아이의 인지 능력이 발달한다고 이야기했습니다.

예를 들어 7살 정도 된 아이가 집에서 연필을 잃어버렸습니다. 엄마에게 연필을 잃어버렸다고 이야기하겠지요? 엄마는 묻습니다.

"어디서 잃어버렸어?"
"모르겠어요."
"마지막으로 언제 연필 썼는지 기억 안 나?"
"네."
"혹시 거실에 둔 거 아니야? 어제 거실에서 숙제했잖아."
"아, 맞다. 그렇지! 찾았어요."

잃어버린 연필을 찾은 건 아이일까요 엄마일까요? 아이는 혼자 연필을 찾을 수 없어 엄마에게 도와달라고 했습니다. 아이는 엄마와의 대화를 통해 연필을 찾을 수 있었습니다. 아이와 엄마가 함께 찾은 거죠. 아이는 다음에 연필을 잃어버렸을 때 어떻게 할까요? 아마 거실이든 자기 방이든 마지막으로 숙제했던 곳에서 찾아볼 겁니다. 이렇게 아이는 엄마의 도움으로 '잃어버린 연필 찾는 방법'을 알게 되었습니다.

비고츠키는 《마인드 인 소사이어티》에서 "오늘의 근접발달영역이 내일의 실제적 발달수준이 된다"고 이야기했습니다. 즉 오늘은 다른 사람의 도움을 받아서 할 수 있었던 일이 내일은 혼자서 할 수 있게 된다는 말이지요. 이때 중요한 것은 뭘까요? 바로 엄마의 도움입니다. 교육심리학에선 이런 도움을 비계(scaffolding)라고 표현합니다. 비계는 원래 건축 공사할 때 높은 곳에서 일할 수 있게 설치한 임시시설을 말하는데, 아이가 과제를 잘 수행하도록 어른이나 또래가 도움을 주는 걸 이르는 말이지요.

비계 설정의 방안으로 제시되는 것은 ① 아이가 자신감을 가질 수 있도록 적절한 수준으로 '난이도'를 조절하는 것 ② 아이의 능력에 따라 '도움의 양'을 조절하는 것 ③ 아이 앞에서 '시범'을 보이는 것 ④ 질문을 유도하고 아이에게 '역으로 질문'을 던져보는 것 등이 있습니다. 교육심리학에서 제시하는 이런 방안은 아이가 스스로 여행할 수 있게 이끄는 구체적 방안이 될 수 있습니다.

우선은 아이의 나이와 경험의 양에 따라 여행의 난이도를 조절해보세요. 처음부터 어렵고 힘든 여행은 부담이 될 수밖에 없습니다. 처음에는 간단한 동네 산책도 여행이 될 수 있으니 쉽고 단순한 여행부터 시작해보세요. 작은 경험이 쌓이면 그때부터 거리와 시간을 늘려 좀 더 멀고 힘든 곳으로 나가는 게 좋습니다.

다음으로 아이의 능력에 따라 도움의 양을 조절해보세요. 이미 아이가 충분히 할 수 있는데도 자꾸 도와주려고 하면 여행에 대한 흥미만 떨어집니다. 아이가 크면 자연스레 도움의 양을 줄이고 뒤로 물러나 지켜보는 방향으로 가야 합니다.

이렇게만 하면 아이는 절로 여행할 수 있을까요? 처음에는 무엇이든지 보고 배워 따라 하는 과정을 거쳐야 합니다. 아이와 함께 여행하면서 부모가 여행하는 법을 가르치려면 아이 앞에서 부모가 여행하는 모습을 보여주면 됩니다. 이게 곧 시범이 되는 것이고 아이는 그 모습을 통해 스스로 방법을 익힙니다. 그 과정에서 아이가 궁금한 게 있다면 질문할 수 있게 편안한 분위기를 만들고 이끌어주면 좋습니다. 아이의 질문에 무조건 답해주기보다 가끔은 되물어서 아이가 스스로 그 내용에 대해 생각하게 해보세요.

예를 들어 아이가 길가에 핀 개나리를 보고 "저 꽃은 뭐야?"라고 묻는다면 "개나리지" 하고 바로 대답하지 말고 "무슨 꽃일까? 넌 무슨 꽃이라고 생각해?" 하고 되물어 한 번쯤 생각하게 하는 겁니다. 이렇게 아이에게 몇 가지 도움을 주고 아이가 조금씩 스스로 해나가게 되면 부모의 역할은 '지켜봐 주기'와 '격려해주기'만 남습니다. 아이의 뒷모습을 잘 지켜봐 주고 격려해주는 것은 여행에서뿐만 아니라 어느 정도 성장한 아이를 세상에 내보내기 위한 부모의 마지막 자세입니다.

부모가 적절한 도움을 준다면 아이는 스스로 여행하기 위해 적극적으로 나섭니다. 이렇게 아이 주도 여행이 되고 그 속에서 재미와 성취감을 느낀다면, 이때가 바로 여행이 '놀이'가 되는 순간입니다. 놀이는 억지로 놀게 한다고 되는 것도 아니요, 놀이 학원에 다닌다고 되는 것도 아닙니다. 자기가 놀고 싶어서 놀고, 노는 방법을 알고 있으면 저절로 놀게 됩니다. 그렇게 놀면서 재미를 느끼는 거지요. 노는 여행, 신나는 여행은 스스로 나서고 그 속에서 재미를 느낄 때 가능합니다.

여행 자체가 놀이가 되려면 여행에 놀이의 요소를 담아야 한다고 하니, 누군가는 억지로 끼워 맞추는 것 아니냐고 반문할지도 모르겠습니다. 만약 여행과 놀이가 완전히 다른 활동이라면 그렇게 융합하는 것 자체가 무리일 겁니다. 흔히 누가 어디로 여행을 간다고 하면 우리는 '좋겠다. 놀러 가네?' 하고 생각합니다. 왜일까요?

놀이를 연구하는 사람들이 공통적으로 이야기하는 놀이의 요소로는 자발성, 재미, 일상에서 벗어난 해방감 같은 것이 있습니다. 그런데 재미있는 것은 이 세 가지를 놀이의 요소가 아니라 여행의 요소라고 이야기해도 전혀 이상하지 않다는 거지요.

대부분 여행은 어딘가로 떠나고 싶어서 자발적으로 벌이는 활동입니다. 여행자가 주제가 되어 스스로 행동하고 여행 중에 얻는 재미와 일상에서 벗어난 해방감 때문에 여행이 끝나면 또 다른 여행을 꿈꾸곤 합니다. 놀이의 요소인 자발성, 재미, 일상에서 벗어난 해방감은 충분히 여행의 요소라 할 만합니다. 이렇게 여행과 놀이는 닮은 구석이 많습니다. 여행이 놀이에 속한다면, 아마 인간이 누릴 수 있는 놀이 가운데 가장 수준 높고 멋진 놀이가 여행일 겁니다.

답답한 PC방과 비좁은 스마트폰 화면에 갇혀 사는 우리 아이들이 노는 여행, 신나는 여행으로 저 드넓은 세상을 멋지게 누비고 다니도록 이제부터라도 한 걸음 내딛어봅시다.

여섯 번째 약속
날마다 기록해야
여행이 완성된다

　요즘은 여행기가 넘쳐납니다. 아무래도 여행 다니는 사람들이 많아져
서겠지요? 쏟아져 나온다는 표현에 고개가 끄덕여질 만큼 많은 여행기
가 있습니다. 지금까지 나온 역대 여행기들을 대상으로 〈위대한 탄생〉
같은 오디션 프로그램을 진행한다면 어떤 여행기가 우승할까요? 저라
면 박지원의 《열하일기》를 우승자로 뽑고 싶습니다.

　그런데 저랑 같은 의견을 가진 분들이 엮은 책이 있습니다. 고미숙,
길진숙, 김풍기가 옮긴 《세계 최고의 여행기 열하일기》라는 책입니다.
오디션 우승자 정도의 스케일을 넘어서 세계 최고의 여행기로 《열하일
기》를 꼽았네요. 왜 그런지 한번 볼까요? 《열하일기》 가운데 〈일신수
필〉 부분에 이런 내용이 나옵니다.

달리는 말 위에서 획획 스쳐 지나가는 것들을 기록하노라니 문득 이런 생각이 들었다. 먹을 한 섬 씩는 사이는 눈 한 번 깜박이고 숨 한 번 쉬는 짧은 순간에 지나지 않는다. 눈 한 번 깜박하고 숨 한 번 쉬는 사이에 벌써 작은 옛날(小古), 작은 오늘(小今)이 되어 버린다. 그렇다면 하나의 옛날이나 오늘은 또한 크게 눈 한 번 깜박하고(大瞬) 크게 숨 한 번 쉬는(大息) 사이라 할 수 있겠다. 이처럼 찰나에 불과한 세상에서 이름을 날리고 공을 세우겠다고 욕심을 부리니 어찌 서글프지 않겠는가?

박지원은 청나라 건륭 황제의 생일을 축하하기 위한 외교사절단에 참가해 중국 북경과 열하를 다녀왔습니다. 《열하일기》는 그때의 여정과 보고 들었던 일들을 '독특하게' 기록한 여행기지요. 그런데 독특하다는 건 무슨 의미일까요? 여행기는 일반적으로 여행 일정에 따라 있었던 일을 기록하거나 인상 깊었던 장면을 서술해나가는 데 그치는 경우가 많습니다. 박지원이 쓴 《열하일기》는 달랐습니다. 《열하일기》를 세계 최고의 여행기라고 이야기하는 이유도 기존 여행기와는 다른 《열하일기》만의 독특함 때문이지요.

《열하일기》는 여정을 기록한 일기입니다. 압록강을 건너 북경을 거쳐 열하에 갔다가 다시 북경으로 되돌아오기까지의 여정을 기록했습니다. 하지만 그 내용은 마치 소설처럼 흥미진진합니다. 그 흥미진진함은 박지원의 철학과 더해지면서 내용의 깊이까지 갖추게 됩니다.

〈일신수필〉은 여정을 기록하면서 든 박지원의 생각이 철학적인 깨달음으로까지 이어지는 과정을 잘 보여줍니다. 여행하면서 겪었던 이야기를 풀어내는 데 머물지 않고, 그 현상을 분석해 자기 생각까지 덧붙여 철학적인 사유로 완성해냈습니다. 작은 부분 하나도 유심히 살피고 깊이 생각하는 자세가 있어야 가능한 일이지요.

박지원은 여행 기간 중 얻은 정보를 시화(詩話, 시를 곁들인 그림), 잡록(雜錄, 여러 가지 일을 질서없이 기록한 글), 필담(筆談, 글로 써서 서로 묻고 답한 기록), 초록(抄錄, 필요한 부분만 뽑아서 적은 글)과 같은 다양한 형식으로 《열하일기》에 정리해놓았습니다.

박지원으로서는 하나의 형식으로 일관되게 정리하면 편할 텐데 굳이 이렇게 다양한 형식을 시도한 이유는 뭘까요? 《열하일기》는 일기지만 일기가 아닌 것 같은 일기입니다. 무슨 말이냐고요? 일기지만 읽는 사람을 고려한 일기지요. 흥미진진한 내용과 더불어 형식적으로도 다양한 시도를 하면서 읽는 이가 눈을 뗄 수 없게 만듭니다. 해학과 풍자가 넘치는 것으로 우리에게 잘 알려진 한문소설 《호질》과 《허생전》도 《열하일기》에 실려 있으니 이만하면 그 독특함이 증명된 것 아닐까요?

박지원이 《열하일기》를 쓴 조선 시대까지만 해도 해외여행은 꿈같은 일이었습니다. 게다가 청나라의 선진문물을 꿈꿔온 실학자였던 박지원이 청나라로 가게 되었으니 매우 감격스러운 여행이었을 겁니다. 그는 이 특별한 여행을 기록으로 남겼습니다. 만약 박지원이 여행을 기록으로 남기지 않고 그냥 다녀오기만 했다면 《열하일기》는 없었을 것이고, 《호질》과 《허생전》노 없었셌지요. 어써번 박지원이라는 인물도 그저 그런 실학자 정도로 남았을지 모릅니다. 기록으로 남긴다는 것은 이렇듯 큰 의미를 지닙니다. 그냥 다녀온 여행은 기억 속에 남아 있겠지만, 기록으로 남긴 여행은 존재의 증거로 남습니다.

내 아이와 함께 떠나는 여행을 기록으로 남겨보세요. 여행을 기록으로 남기는 방법은 다양하지만, 여행 일지 또는 여행 일기를 쓰는 걸 권합니다. 있었던 일을 글로 남기는 작업은 생각보다 어려운 일입니다. 하지만 그 과정을 통해 여행을 정리하고 하루를 돌아볼 수 있습니다. 아이가 초등학교 4학년 이상이라면 초보적인 글쓰기부터 시작할 수 있습니다. 그보다 어리다면 그림과 글을 같이 적게 하거나 부모와 함께 적으면서 조금씩 흥미를 느끼게 하는 게 좋습니다.

'여행 일지? 그 정도야 쉽지!' 하고 만만하게 생각하다가는 막상 여행지에서 어려움을 겪을 수도 있습니다. 일단 여행에 지친 부모와 아이 모두 피곤합니다. 피곤한데 일지까지 쓴다고 하면 아이는 한숨부터 내쉽니다. 글쓰기는 꽤 어려운 숙제로 여겨지기 때문입니다. 아이가 거부하면 '굳이 이런 것까지 해야 하나?' 하는 생각에 금방 포기해버릴지도 모릅니다. 포기하고 나면 무거웠던 마음의 짐도 덜 수 있고, 아이와 더는 실랑이하지 않아도 되니 만사가 편해지는 쉬운 방법입니다.

하지만 쉬운 방법은 누구나 할 수 있습니다. 이번 여행을 좀 더 특별하게 만들고 싶다면 힘들고 피곤하더라도 약간의 노력은 해야겠지요. 여행 일지를 쓰는 것도 여행의 한 과정이라 생각하고, 하루를 정리하는 시간으로 만들어보세요. 생각보다 의미 있는 여행을 할 수 있습니다.

모든 일이 그렇듯 첫 시작이 어렵습니다. 어떻게든 시작해서 어느 정도 궤도에 오르는 게 중요하지요. 그렇게 되면 일지를 쓰지 않고 잠든 날이 오히려 찜찜하게 여겨집니다. 일주일만 노력하면 습관이 될 수 있습니다. 이 습관이 잘 이어지면 일상생활로 돌아와서도 매일 일기 쓰는 습관으로 남지요. 형식적인 일기 쓰기 말고 스스로 진짜 일기를 쓰는 겁니다. 날마다 쓰면 글쓰기 실력도 늡니다.

첫 시작의 어려움은 어떻게 극복할 수 있을까요? 무엇보다 부모와 아이의 의지가 중요하겠지만, 조금이나마 도움이 되는 요령이 있습니다. 좀 더 쉽게 이해할 수 있게 육하원칙에 따라 정리했습니다.

누가 기록하나요?

부모도 아이도 모두 기록합니다. 여행 일지를 작성하는 데는 생각보다 많은 시간이 듭니다. 꽤 오랫동안 집중력을 유지하면서 작성해야 하므로 다 함께 글 쓰는 분위기를 만들어야 합니다.

어릴 적 글짓기 시간이나 논술 시험을 떠올려보세요. 처음 원고지나

시험지를 봤을 땐 '이걸 언제 다 채우나?' 하고 한숨만 나옵니다. 하지만 다 같이 조용한 분위기에서 글을 쓰다 보면 '내가 이렇게 많이 썼단 말인가?' 할 정도로 분량이 채워져 있는 걸 볼 수 있습니다.

다 함께한다는 분위기는 생각보다 큰 힘을 가집니다. 글쓰기가 싫어서 절대 안 쓰겠다던 아이도 주변에서 다 쓰는 분위기가 되면 대체로 연필을 들고 뭐라도 쓰기 시작합니다. 그러니 아이에게는 일지 쓰라는 잔소리보다는 일지 쓰는 모습을 보여주는 것이 더 효과적입니다. 부모는 쓰지 않으면서 아이만 쓰나 안 쓰나 감시하는 것은 억지로 쓰게 하는 것일 뿐 제대로 쓰게 하지는 못합니다. 여행 일지를 쓸 때는 부모와 아이가 함께 시간을 갖고 같이 쓰세요.

언제 기록할까요?

일정을 마친 후 저녁에 쓰는 게 좋지요. 일정 중간에 쓰게 되면 하루의 일들이 유기적으로 정리되지 않기 때문에 가장 적당한 시간은 자기 전입니다. 사실 집중력 면에서는 새벽에 쓰는 게 제일 좋습니다. 하지만 새벽에 아이를 깨워 여행 일지를 쓴다는 게 어려운 일이기 때문에 샤워를 끝내고 잠들기 전에 쓰길 권합니다.

여행 일지에 그날 있었던 일을 정리하고 그때 느꼈던 감정과 생각을 제대로 쓰려면 날마다 써야 합니다. 며칠을 미뤄서 한꺼번에 쓰면 있었던 일들이 생각도 잘 나지 않고 분량도 부담스러워집니다. 방학 동안 일기를 미뤘다가 개학을 앞두고 총정리해본 경험이 있는 사람이라면 잘 알 겁니다. 미루다 쓰게 되면 의무감 때문에 자연스레 분량을 채우는 방향으로 일지를 쓰기 마련이고 결과적으로는 별 도움이 되지 않습니다.

여행지에서 겪었던 많은 일들은 며칠 지나면 기억 속에서 뒤섞여 정리가 잘 안 됩니다. 날마다 일지를 써야 적당한 분량으로 하루의 일을 정리할 수 있습니다.

어디서 기록하나요?

비교적 집중이 잘되고 편안한 장소에서 기록합니다. 여행지에서 묵는 숙소가 여행 일지를 쓰기에 제일 좋은 장소입니다. 야외에서 쓰는 것도 분위기만 따라준다면 좋겠지만 대체로 저녁 시간에 쓴다는 걸 고려하면 숙소만 한 곳이 없습니다.

일지를 쓸 때는 무엇보다 집중력이 필요하므로 집중하기 좋은 환경에 자리를 잡아야 합니다. 방이 답답하다면 숙소의 휴게실이나 로비를 찾아보세요. 마음이 불편하면 글쓰기도 제대로 되지 않으니 아이의 의사를 물어보고 장소를 결정하는 게 좋습니다.

무엇을 어떻게 기록할까요?

우선 날짜와 여정을 먼저 기록합니다. 날짜를 적으며 오늘을 기억하고, 여정을 적으며 하루를 돌아봅니다. 그다음 오늘 있었던 일들을 구체적으로 떠올려봅니다. 아침부터 지금까지 작은 것 하나도 놓치지 말고 곰곰이 생각해보세요. 여행지에서 겪었던 사소한 일이라도 자기 생각을 잘 곁들이면 훌륭한 글이 됩니다.

'오늘 파리의 지하철 표를 샀다'라는 사소한 일도 '오늘 파리에서 처음으로 지하철 표를 샀다. 지하철역 매표소에서 직원에게 표 1장을 달라고 서툰 영어와 온갖 몸짓을 동원해 샀다. 무려 1.8유로다. 좀 비싸긴 하지만 어쨌든 처음으로 표를 사봤다는 사실에 뿌듯했다. 근데 우리나라 지하철 표하고는 좀 다른 느낌이다'처럼 자세히 적으면서 다른 대상과 비교해보면 좀 더 생생하고 구체화된 이야기가 됩니다.

인상 깊었던 일이라면 그때 느꼈던 느낌과 감정을 상세하게 적어보세요. 어떤 점이 인상 깊었는지, 왜 인상 깊었는지도 뚜렷하게 밝히며 적는 게 좋습니다. '그저 좋았다'라든가 '인상 깊었다'라고 간단하게 처리해버리면 그 느낌과 감정을 나중에 다시 느낄 수 없게 되거든요. 시간이 많이 흘러 여행 일지를 읽더라도 그때의 감정이 잘 전달되도록 적는 게 중요합니다.

여행 일지를 소설처럼 재미있게 구성할 수 있다면 더 좋습니다. 중간에 여행지에서 겪었던 에피소드를 중심으로 대화를 넣을 수도 있고 그림을 넣을 수도 있겠지요. 표현 형식은 자유롭게 하되 자세히 쓰고 그것에 대해 깊이 생각해봐야 한다는 원칙은 지켜야 합니다.

여행을 기록으로 남기는 방법이 꼭 여행 일지만 있는 것은 아닙니다. 여행 중에 찍는 사진이나 동영상도 좋은 방법이 될 수 있지요. 사진과 동영상을 잘 정리해서 간단한 글과 함께 자신의 블로그에 올려보는 것도 괜찮은 방법입니다. 다만 아이와 함께하는 여행이니 남에게 자랑한다는 생각보다는 흔적을 남긴다는 생각으로 활용하는 게 좋습니다. 아이와 함께 여행 일지를 쓰고 사진과 동영상은 보조 매체로 활용하면 여행을 훌륭하게 정리할 수 있습니다.

왜 기록하나요?

기록은 귀찮고 어려운 일입니다. 하지만 기록하면 분명 좋은 점이 많습니다. 여행 일지를 통해 여행 과정을 기록해야 하는 다섯 가지 이유입니다.

1. 기록을 통해 경험, 생각, 느낌을 구체화할 수 있습니다. 기록은 그
   냥 이루어지지 않습니다. 반드시 생각을 정리하고 구체화하는 사고

과정을 거쳐야 가능한 활동입니다. 여행을 하다 보면 경험과 생각, 느낌이 추상적으로 남는 경우가 많습니다.

'아 에펠탑을 처음 봤을 때 참 인상적이었지!' 하고 생각만 하면 이렇게 추상적으로 기억됩니다. 하지만 '아 7월 어느 날 에펠탑을 처음 봤는데 생각보다 크더라고! 역시 사진으로 보는 거 하고 실제로 보는 건 다른 느낌이야. 밤에 불 켜질 땐 정말 예쁘더라고!'라고 그날 떠올랐던 생각과 느낌을 기록해두면 자세히 기억할 수 있게 됩니다. 기록하는 과정을 통해 보다 구체화해 기억할 수 있지요.

2. 생각할 기회를 얻을 수 있습니다. 일지를 쓰다 보면 오늘 만났던 사람들의 삶과 지금 내 삶을 견주어볼 때가 있습니다. 그러면 자연스레 그것에 대한 자기 생각이 나오겠지요? 그 생각을 조금씩 구체화하는 과정에서 '나만의 생각'이 생겨납니다. 물론 여행 과정을 기록한다고 해서 무조건 다 자기 생각이 생기는 것은 아니지요.

아이가 어리다면 글쓰기 습관을 몸에 익히는 게 더 중요합니다. 무엇이라도 자세히 관찰해 적는 버릇을 들이는 데 목표를 둬야지요. 아직 어린아이에게 생각의 기회를 줄 수는 있지만 생각하라고 강요할 수는 없기 때문입니다.

아이가 청소년이라면 자기 생각을 구체적으로 적을 수 있게 이끌어주세요. 중요한 것은 있었던 사실만을 기록하는 게 아니라 그 사실에 대한 '생각'을 기록하는 데 있습니다. 생각할 기회를 갖고 그 생각들을 기록하는 과정은 성장 여행을 완성하는 최종 단계입니다.

3. 여행 과정을 정리하고, 나 자신을 돌아보는 계기를 마련할 수 있습니다. 여행 중에는 바쁜 일정으로 인해 미처 생각해보지 못한 일들을 여행 일지를 쓰면서 생각해봅니다. 그러다 자기 자신에 대해 생각하지요. 오늘 나는 어떻게 행동했는지, 왜 그렇게 행동했는지 하나씩 적다 보면 스스로에 대해 다시 알게 되기도 합니다.

김정운 교수는 강의에서 "자기반성과 자기 성찰이 대화와 의사소통의 근본이 되는 능력"이라고 이야기했습니다. 다른 사람과 잘 소통하기 위해서는 자기 자신에 대해 아는 게 매우 중요하다는 이야기지요. '내 안의 또 다른 나를 보는 능력'과 '다른 사람의 마음을 보는 능력'은 심리학적으로 같은 구조이기 때문입니다.

여행 일지를 쓰든 일기를 쓰든 자기 자신을 돌아보고 생각할 수 있게 이끌어주세요. 아이가 자신을 돌아보는 일에 버릇을 들이도록 하면 좋습니다. 인생의 큰 밑바탕이 되고 다른 사람들과 소통하는 데도 필요한 기초 능력이 되기 때문입니다.

4. 때로는 여행 과정을 기록하는 활동 자체가 여행을 단순히 '놀러 왔다'는 느낌에서 '의미 있었다'로 바꿔주기도 합니다. 의미 있었다는 것은 그저 재미있고 즐거웠다는 차원에서 한 걸음 더 나아가 '이번 여행이 나에게 도움이 되었고 가치 있었다'고 생각해야 나올 수 있는 반응이지요.

일지를 쓰면 여행의 과정을 기록하게 되고 배운 걸 되새기게 됩니다. 여행을 평가하기도 하고 자기 생각을 적어보기도 하지요. 이 모든 과정이 잘 이루어지면 아이는 보람을 느낍니다. 여행이 뿌듯한 일이 되고 좋은 추억으로 남습니다. 여행이 자신에게 도움이 되고 도전할 만한 가치가 있는 일이라 여긴다면 '의미 있는 여행'으로 기억됩니다.

5. 지난 여행의 경험이 단순히 기억으로만 남는 게 아니라 앞으로의 활동을 위한 좋은 재산이 됩니다. 경험을 구체적으로 기록하고 이 과정에서 가졌던 생각을 정리해두면 글쓰기를 위한 좋은 재료가 됩니다.

다른 사람들 앞에서 발표하거나 이야기할 때 훌륭한 소재가 되기도 합니다. 추상적인 기억으로만 남아 있다면 생각해내기 어려운 것들도 기록해두면 금방 떠올릴 수 있고 그만큼 더 수월하게 응용할 수 있지요. 또 글로 남기는 반복적인 활동으로 자연스레 글쓰기 실력도 좋아집니다.

그저 여행만 한 것과 여행했던 과정을 기록하는 것은 생각보다 훨씬 큰 차이가 있습니다. 여행 과정을 한 번이라도 더 생각해보고 그것에 대해 고민하면 각인효과를 갖기 때문입니다. 자칫 기억 속 저 멀리 날아가 흔적도 없이 사라져 버릴지 모르는 추억을 마음속에 다시금 새겨주는 거지요. 내가 느낀 감동, 내가 가졌던 생각을 잊고 싶지 않다면 내 아이와 함께 여행 일지를 쓰면서 이번 여행을 완성해보세요.

글쓰기의 시작은 쉽고 재미있게

어린아이에게 여행 일지를 쓰게 하기는 생각보다 어렵습니다. 〈유시민의 글쓰기 고민상담소〉 6화를 보면 "글쓰기는 높은 수준의 집중력을 요구하는 두뇌 활동"이라고 합니다. 더불어 이런 내용도 나오지요.

"초등학생 때는 잘 쓰든 아니든 일단 무엇이든 쓰는 게 중요합니다. 줄거리가 없고 뜻이 분명하지 않아도, 무엇이든 쓰면 그 자체로 좋은 일입니다."

쓰기는 읽기, 말하기보다 더 어렵습니다. 아이가 혼자서 쓰기 어려워한다면 부모와 같이 쓰는 것도 좋은 방법입니다. 기대를 낮추고 쓰는 데 재미를 붙일 수 있게 도와주세요. 글쓰기를 재미있는 놀이라고 생각하게 하면 가장 좋습니다.

저는 이런 방법을 추천합니다. 아이에게 오늘 여행을 그림으로 그려보자고 하세요. 글쓰기는 싫어해도 그림 그리기는 좋아하니까요. 그림을 다 그리고 나면 무슨 내용의 그림인지 말해보라고 합니다. 아이가 뭐라고 말하겠지요. 그걸 그림 밑에 그대로 적어보라고 하세요. 그렇게 그림 여행 일지가 만들어집니다.

아이가 좀 크면 그림보다는 글쓰기 위주로 넘어가는 게 좋습니다. 내용은 오늘 있었던 일 가운데 한 가지 일만 고르게 하고, 단순한 문장으로 적는 것이 좋습니다. 그렇게 시작해서 조금씩 늘려나가면 혼자서 쓸 수 있게 됩니다.

여행 마무리
아쉬움을 남기면
다음 여행을 꿈꿀 수 있다

　여행이 끝나고 나면 항상 아쉬움이 남기 마련입니다. 아무리 신나고 알찬 여행을 했더라도 마지막이 되면 아쉬운 부분이 생기지요. 아쉽다는 말은 뭔가 모자라서 안타깝고 미련이 남는다는 말입니다. 그런데 아쉬워하는 그 마음을 조금만 자세히 들여다보면 여행자의 기대감이 숨어 있습니다.

　사실 여행이 신나고 즐거울수록 이상하게도 아쉬움은 더 커집니다. 신나고 즐거운 순간을 겪으면 남은 여행에 더 큰 기대를 하기 때문입니다. 오히려 여행에 지쳐버리고 질려버리면 아쉬움 같은 건 남지 않습니다. 그때는 집으로 돌아가고 싶은 마음뿐이지요. 하지만 여행이 즐겁고 의미 있다고 생각할수록 얼마 남지 않은 여행 기간이 원망스럽고 아쉬움은 더 커집니다.

이것은 마치 누군가를 사랑하면 할수록 헤어지는 순간이 더 힘들고 아쉬운 것과 같습니다. 사랑했던 그 순간이 아름답지 않아서 아쉬움이 남는 게 아닙니다. 오히려 너무 아름다웠고 그 사랑이 내 마음을 흔들어 놓았기 때문이지요.

그런데 우리는 종종 아쉽다는 감정을 느끼는 이유가 '여행이 완벽하지 않아서'라고 생각합니다. 그래서인지 여행을 완벽하고 흡족하게 만들기 위해 많은 노력을 기울입니다. 절대 아쉬움 같은 것을 남기지 않기 위해. 하지만 노력과는 달리 여행은 쉽게 완벽해지지 않습니다.

'간 김에 꼭 봐야 할 건 다 보고 와야지. 못 보고 오면 아쉽잖아?'라고 생각하는 사람들은 아주 바쁘게 여행합니다. 혹시 'Cook's Tour'라는 단어를 들어본 적이 있나요? 이 단어를 영어사전에서 찾아보면 "주마간산 식 단체 관광 여행"이라고 되어 있습니다. 영어 단어만 보면 언뜻 '쿡은 요리사 아닌가?'라는 생각이 들지만, 이 단어의 유래는 19세기로 거슬러 올라갑니다.

1841년 토머스 쿡이라는 영국인이 런던에 세계 최초의 여행사를 차렸습니다. 그의 아들 존 메이슨 쿡이 사업을 함께하면서 여행사 이름을 토머스 쿡 앤드 썬(Thomas Cook and Son)으로 바꿉니다. 사람들은 이 여행사에서 개발한 여행 상품을 Cook's Tour라고 불렀습니다.

이 여행 상품은 여행사에서 모든 일정을 짜고 여행자는 그 일정에 따라 단체로 이동하는 패키지여행이었습니다. 당시로서는 매우 혁신적인 여행이었습니다. 짧은 일정에 여러 장소를 들릴 수 있어서 편하고 효율적이었기 때문이죠. 하지만 일정이 늘면 늘수록 이동하는 차에서 대부분 시간을 보낼 수밖에 없었습니다. 그렇게 도착한 여행지에서는 잠깐 내려서 둘러보는 식으로 여행했는데, 이 때문에 Cook's Tour는 주마간산 식 여행을 뜻하는 단어가 되었습니다. 쉽게 말해 패키지여행의 원조라고 할 수 있지요.

멀리 여행을 갔다면 간 김에 다 보고 오고 싶은 게 당연합니다. 언제 다시 올지 모르는데 이번 기회를 이용해 유명한 것은 최대한 많이 보고 와야 덜 억울할 것 같다는 생각이 들지요. Cook's Tour 같은 패키지여행은 이런 사람들의 욕구에 따라 생겨났습니다.

하지만 패키지여행을 다녀와 본 사람이라면 분명 이런 여행이 갖는 한계와 아쉬움에 대해 잘 알 겁니다. 일정을 내 마음대로 조정할 수도 없고 현지에서 충분한 시간을 갖기도 어렵습니다. 여러 군데를 돌아보긴 하는데 정말 이렇게 다녀도 괜찮나 싶은 생각도 듭니다. 단체로 다니다 보니 같이 간 사람들과 마음이 안 맞으면 꽤 마음고생을 합니다. 꼭 봐야 할 건 다 보고 오는 것 같은데 왠지 모르게 허전합니다.

그럼 개별여행은 어떨까요? 배낭여행을 떠났다고 생각해봅시다. 앞에서도 잠시 이야기했지만 배낭여행은 일정과 숙소, 식사 등 여행과 관련된 거의 모든 부분을 자기가 직접 선택합니다. 게다가 현지에서 여건만 따라준다면 일정 조정도 가능하지요. 계획을 잘 짜서 여행한다면 자기가 좋아하는 곳에서 충분한 시간을 가질 수도 있습니다. 물론 현지인들과 만나 소통하는 기회도 얻을 수 있지요.

배낭여행의 묘미는 생각지도 못했던 일들이 벌어지고 좌충우돌하는데 있습니다. 몸이 힘들고 고생할 때도 많지만 내가 계획하고 만들어가는 여행을 한다는 사실이 뿌듯함을 안겨줍니다. 세상에 대한 자신감도얻고 더 넓은 세상을 보며 우물 안 개구리 같았던 내 생각의 폭을 넓히기도 합니다.

이렇게 패키지여행에서는 얻을 수 없는 다양한 것을 얻지만 배낭여행도 한계와 아쉬움은 남습니다. 우선 너무 고생스럽고 피곤합니다. 여행을 시작하기도 전에 녹초가 됩니다. 항공권이나 교통편, 숙소, 식사등 다양한 것들을 알아보고 예약하고 챙겨야 하니 이런 것들이 익숙하지 않은 사람에겐 너무 번거롭습니다.

고생스럽기도 하지만 때로는 위험하기도 합니다. 현지 분위기를 잘모르고 다니다 소매치기나 사기꾼에게 당하기도 하지요. 직접 대중교통을 이용해 이동해야 하니 패키지여행처럼 많은 일정을 소화하기 어렵습니다. 가이드가 없으니 내가 알아서 다녀야 하고 정보가 부족하면 제대로 보지도 못하는 경우까지 생깁니다. 배낭여행이 좋긴 한데 꼭 봐야할 것도 제대로 못 보고 오면 좀 아쉽지 않을까요?

여행이 완벽할 수는 없습니다. 하나를 얻으려면 하나를 버려야 합니다. 패키지여행을 하려면 배낭여행의 묘미는 포기해야 합니다. 배낭여행을 하려면 패키지여행의 편안함을 포기해야 하지요. 두 가지를 섞으면 어떨까요? 완벽해지는 게 아니라 둘 다 아쉬워집니다. 결국 어떻게든 아쉬움은 남기 마련입니다. 그럼 대체 어쩌란 말일까요?

아쉬움은 여행자가 갖는 마음에서 비롯됩니다. 내가 어떻게 생각하고 받아들이느냐에 따라 아쉬움은 당연한 것이 되기도 하고 없애야 할 대상이 되기도 합니다. 결국 우리가 해야 할 일은 아쉬움을 여행의 과정으로 받아들이는 거지요. 너무 과한 욕심을 내서 아쉬움과 싸울 필요도 없고, 욕심을 없애려 도 닦을 필요도 없습니다. 아이와 함께 떠난 이번 여행이 아쉬우면 '이렇게 여행이 끝나가는구나' 하고 받아들이면 됩니다. 오히려 그 아쉬움을 아이와 내가 공유할 수 있다면 서로 더 가까워지는 계기를 만들 수 있습니다.

아이들과 여행을 성공적으로 끝내면 항상 마지막엔 아쉬워하기 마련입니다.

"선생님~ 우리 집에 돌아가지 마요."

"집에 부모님 기다리시잖아."

"괜찮아요, 제가 엄마한테 전화할게요."

"집에 가기 싫어?"

"아니요. 그냥 이대로 집에 가기 아쉬워서요. 며칠 더 있다 가요~"

"선생님도 그랬으면 좋겠는데 부모님하고 오늘 돌아가기로 약속해서."

"에이, 그냥 좀 더 있다 가요."

집으로 돌아가는 길에 아쉬워하는 아이들을 보면 왠지 모르게 이번 여행이 보람되게 느껴집니다. 집에 가기 싫다는데 보람이 느껴진다니 좀 이상하기도 한데, 그만큼 여행이 즐거웠다는 증거이기 때문입니다. 이렇게 아쉬움을 드러내던 아이들이 집에 가야 하는 상황을 받아들이고 나면 그다음엔 대부분 이런 질문이 뒤따릅니다.

"우리 다음엔 어디 가요? 며칠날 가요?"

적당한 아쉬움은 다음 여행을 꿈꾸게 합니다. 이번 여행에서 느낀 재미와 즐거움이 크면 클수록 다음 여행을 향한 기대도 커집니다. 만약 아이가 다음 여행에 관해 묻는다면 함께 다음 여행을 계획해보세요. 그 계획이 너무 허황되고 황당해도 관계없습니다. 지금 당장 현실성을 따질 필요는 없습니다. 계획은 계획일 뿐이니까요. 대신 "다음엔 어디로 가고 싶어?", "왜 가고 싶어?" 하고 되물으면서 다음 여행을 구체화할 수 있게 도와주세요. 아이와 함께 머릿속으로 여행을 기획해보고 어떻게 해야 할지 계획을 세우는 과정을 통해 자연스레 아이에게 여행을 계획하는 방법을 알려줄 수 있습니다.

좀 더 나아가 아이에게 일정 부분 역할을 맡긴다면 '아이가 이끄는 여행'을 위한 한 걸음을 내디딜 수도 있습니다. 그렇게 아쉬움을 다음 여행을 향한 기대와 준비로 바꿔주는 것이 부모의 역할입니다.

여행은 설렘으로 시작해서 아쉬움으로 끝납니다. 아쉬움을 하나의 과정으로 받아들이면 다음 여행을 위한 밑바탕으로 만들 수 있습니다. 아이와 여행을 마치고 나서 집에 돌아오면 어떤 점이 아쉬웠는지, 왜 아쉬웠는지 이야기해보세요. 그리고 다음 여행에서는 어떻게 하면 좋을지도 함께 의논해보세요.

아이가 느낀 여행과 부모가 느낀 여행에는 분명 다른 점이 존재합니다. 그 차이를 잘 알고 다음 여행을 계획한다면, 이전보다 훨씬 만족스러운 여행을 다녀올 수 있습니다. 설렘으로 시작해 아쉬움으로 마무리되는 여행, 아이와 함께 도전해보세요.

세상이 학교라고 외치는 사람들

서점에 가면 참 많은 책이 있습니다. 그중에서도 여행 코너에 가면 세상 구석구석 다양한 동네를 여행하기 위한 가이드북이 있고, 그곳에 다녀온 사람들의 에세이도 있습니다. 제가 어렸을 때만 해도 서점의 여행 코너에는 유명 여행지 가이드북만 자리를 차지하고 있었습니다. 그런데 예전보다 훨씬 더 많은 사람들이 여행을 떠나고 해외여행이 확대되면서 상황이 달라졌습니다. 여행 다녀온 사람들의 이야기를 담은 에세이가 쏟아져 나왔고 많은 사람에게 호응을 얻었지요. 지금도 여행 에세이는 매력적인 장르로 손꼽히고 있습니다.

이렇게 여행 에세이가 주목받게 된 이유는 바쁘고 정신없는 우리의 삶이 우리를 가두고 있기 때문입니다. 그래서 여행 다녀온 사람들의 자유가 더 부럽고 그들의 과감함에 더 감탄하죠. 여행 에세이에 등장하는 이야기는 읽는 사람의 감성을 자극합니다. '나도 어딘가로 떠나고 싶다!'는 생각이 절로 들게 하는 묘한 매력도 갖고 있습니다. 그 가운데 박임순의 《세상이 학교다 여행이 공부다》를 소개합니다.

박임순은 22년간 중학교 교사로 근무하다가 그만두고 가족 모두와 함께 세계 일주를 하고 돌아왔습니다. 중학교, 고등학교에 다니던 아이들과 교사였던 남편 그리고 자신까지 5명이 동시에 학교를 그만뒀습니다. 정말 대단한 가족입니다.

학교가 싫어서 그만뒀다기보다는 가족 사이에 생긴 불화를 해결하고 행복한 가정을 꾸리기 위한 방책으로 여행을 선택했습니다. 그동안 배낭여행 한번 해보지 않았던 가족이 1년 6개월 동안 33개국을 누비고 다닌 이야기를 책에 담았습니다. 여행을 준비하는 과정과 새로운 여행지에 대한 감상, 가족들 사이에서 있었던 다양한 이야기들이 드라마처럼 생생하게 이어집니다.

《세상이 학교다 여행이 공부다》는 인도에서 시작해 여러 나라를 두루 거쳐 미국에서 끝납니다. 마지막에 저자와 남편은 로스앤젤레스에서 열리는 유대인 교육 지도자 과정에 참여하러 가고, 아이들은 자기들끼리 한국으로 귀국해 무사히 도착했다는 메일을 부부에게 보냅니다. 부모의 도움 없이도 스스로 해내는 아이들의 달라진 모습으로 마무리되지요.

여행기를 읽고 나면 그들의 대단한 이야기에 놀라기도 하고 그 재미에 푹 빠지기도 합니다. 하지만 이야기가 끝나고 현실로 돌아오면 그렇게 하지 못하는 나 자신의 문제를 고민하게 되지요. 이런 상황에 대처하는 우리의 자세는 어떠해야 할까요?

책을 통해 우리가 얻을 수 있는 것은 한계가 있기 마련입니다. 여행에 관한 이야기이든 여행을 하는 방법이든 독자에게 해줄 수 있는 것은 저자의 이야기와 생각, 노하우를 전해주는 것뿐이지요. 이것이 동기가 되어 여행에 나서는 촉매제가 될 수는 있겠지만, 결심을 하고 안 하고는 자신에게 달려 있습니다.

내가 겪고 있는 문제가 이런저런 현실적 조건을 포기할 정도로 절실한 것이 아니라면, 좋은 여행기 하나 읽은 것으로 만족하면 됩니다. 만약 현실적인 조건을 포기할 수 있을 정도로 지금 나에게 가장 절실한 문제라면 도전해볼 만한 하나의 방법이 될 수 있습니다. 그 방법을 선택했다면 지금 그들의 외침에 귀를 기울여보세요. 세상이 학교라고 외치는 그들의 외침을!

Chapter 4

길
위에서
생각한
교육

여행으로
성장한다는 것

독일 철학자인 니체의 《인간적인 너무나 인간적인》을 보면 여행자를 다섯 등급으로 구분합니다. 가장 낮은 등급의 여행자는 다른 사람들에게 '관찰당하는' 여행자입니다. 니체는 이들을 '눈먼 자들'이라고 표현했습니다.

이보다 높은 등급의 여행자는 스스로 세상을 관찰하는 여행자입니다. 관찰당하는 여행자에서 관찰하는 여행자로 바뀐 것이죠. 그럼 다음 등급의 여행자는 어떤 여행자일까요? 관찰한 결과에서 무언가를 체험하는 여행자입니다. 관찰에서 끝나는 게 아니라 체험까지 합니다. 이보다 더 높은 등급의 여행자는 체험한 것을 체득해서 계속 몸에 지니고 다니는 여행자입니다. 체험한 걸 자기 것으로 만드는 거죠.

끝으로 가장 높은 등급의 여행자는 관찰하고 체험하고 체득한 다음 집에 돌아와 그것을 다시 여러 가지 행위와 일 속에서 발휘해나가는 여행자입니다. 니체는 이 가장 높은 등급의 여행자를 '내면적으로 배운 것을 남김없이 발휘해서 살아가는 행동가'라고 정의합니다.

등급이라는 용어는 마음에 들지 않지만 여행지에서 만났던 여행자들을 하나둘씩 떠올려보면 니체의 이야기가 수긍이 갑니다. 어떤 여행자는 여행지를 바람처럼 지나갑니다. 그들은 잠시 동안 다른 여행자의 풍경이 되기도 하지요. 또 어떤 여행자는 열심히 세상을 관찰합니다. 가는 곳마다 사진으로 남기고 부지런히 눈에 담습니다.

이보다 더 적극적인 여행자는 기회만 되면 뭐든지 체험하려 합니다. 대단한 용기를 갖고 있고 열정이 넘치기 때문에 세상에 뛰어들어 함께 노닐지 않고는 못 배깁니다. 하지만 이 모든 여행자를 뛰어넘는 최고 단계의 여행자는 여행지에서 관찰하고 체험한 것을 통해 배우고 그 배움으로 일상을 변화시키는 사람들입니다.

대부분 여행자는 보고 듣고 느끼는 데 집중합니다. 그러면서 누리는 여행의 재미가 쏠쏠하거든요. 때론 그 재미에 흠뻑 빠져들기도 합니다. 즐겁고 재미있는 여행을 하는 것도 매우 중요합니다. 하지만 여행에서 재미만을 추구한다면 어딘가 공허합니다. 공부하지 않고 하루 종일 나가 놀기만 하다 집에 돌아왔을 때 느끼는 허전함이랄까요? 그 빈 공간을 확실히 채워주는 것이 배움이고, 그 배움으로 우리의 삶을 바꾸어 가는 것이 진정한 여행의 의미입니다. 여행의 의미는 우리를 성장으로 이끕니다.

어른들은 여행을 통해 부언가를 배우더라도 삶 자체를 확연히 변화시키기 어렵습니다. 이미 오랜 시간을 고정된 삶의 패턴 속에서 살아왔거든요. 이 패턴을 통째로 바꾸려면 대단한 결심과 굳은 의지가 필요합니다. 하지만 아이들은 갓 올라온 새싹처럼 쑥쑥 자라고 있기 때문에 배움이라는 물을 꾸준히 주면 몰라보게 달라집니다. 계속 성장하는 과정이어서 배우면 배울수록 삶이 달라질 가능성도 커지지요.

실제로 여행을 다녀와서 생활 습관이 달라지거나 성격이 바뀌는 아이가 많습니다. 그런 아이의 이야기를 들어보면 여행이 그저 재미있었다고 단순하게 말하지 않습니다. 대부분 여행을 꽤 자세하게 기억하고 있고 뭐가 좋았는지 분명하게 이야기합니다. 어떤 일이 인상 깊었고 그 일로 인해 충격을 받았다고 이야기하는 아이도 있지요. 강한 인상과 충격을 경험한 아이는 확실히 일상이 달라질 가능성이 큽니다.

유럽 배낭여행에 다녀온 한 아이는 유럽 각지의 노숙자들을 보고 큰 충격을 받았다고 합니다. 평소 모든 일에 심드렁하고 수동적이었는데 여행을 다녀온 뒤로 달라졌지요. 이렇게 맥없이 살면 안 되겠다, 열심히 살아야겠다고 마음먹은 후 모든 일에 적극적으로 뛰어드는 성격이 되었습니다.

아이와 여행하는 부모는 여행을 통해 무엇을 배울 수 있는지 잘 알고 있어야 합니다. 막연히 여행을 다녀오면 뭐라도 도움이 되겠지 생각하는 것과 무엇을 배울 수 있는지 아는 것은 다릅니다. 이것을 알아야 여행 중 무엇에 힘써야 할지 알게 되고, 아이의 성장이 눈에 보이기 때문이죠. 물론 배움이 곧 성장을 의미하지는 않습니다. 하지만 배워야 성장할 수 있습니다. 배움은 성장의 기회지요. 여행을 통해 배운다는 것은 성장의 기회를 얻는 것입니다.

그럼 여행을 통해 아이는 무엇을 배울 수 있을까요? 단도직입적으로 이야기하자면 삶을 배울 수 있습니다. 삶이란 '사람 사는 일'입니다. 여행은 다른 사람들이 살고 있는 곳으로 뛰어드는 일이지요. 그곳을 그냥 보고 지나가든 그들과 어울리든 '사람 사는 일'을 보고 듣고 느낍니다. 그러면서 '사람 사는 일은 이렇구나'라는 걸 배웁니다. 새로운 세상을 만나면 생각의 경계가 무너지고 더 넓은 생각으로 삶을 고민하게 됩니다.

좀 더 구체적으로 이야기해볼까요? 우선 여행을 통해 '삶의 실체'를 배울 수 있습니다. 우리 가운데 누구도 삶이 무엇인지 명확하게 이야기할 수 있는 사람은 없습니다. 그저 각자의 생각을 자기 논리에 맞게 이야기할 수 있을 뿐이지요. 하지만 여행은 '삶이란 이런 것이다'라고 우리 앞에 보여줍니다. 사람들의 삶을 날 것 그대로 드러내 보여줍니다. 그 속에서 우리는 다양한 삶의 모습을 경험합니다. 책이나 TV를 통해서는 전달받을 수 없는 생생한 삶의 실체를 발견합니다.

또한 여행을 통해 '삶의 태도'를 배울 수 있습니다. '우리'와는 다른 곳에 사는 '그들'은 어떤 태도로 살아가는지 직접 보고 듣고 느낍니다. 좋다고 생각되는 삶의 태도는 배워오기도 합니다. 그들의 모습은 지금까지 내가 취했던 삶의 태도를 돌아보게 하고 평가하게 하지요. 어떤 태도로 살아가야 할지 배우는 것은 앞으로 살아갈 날이 훨씬 많은 우리 아이들에게 꼭 필요한 일입니다.

마지막으로 '삶의 목적'에 대해서도 배울 수 있습니다. 우리가 살아가는 이유는 무엇일까요? 무엇을 위해 살아갈까요? 이 고민의 답은 많은 사람을 만나고 경험해야 얻을 수 있습니다. 여행하다 보면 정말 다양한 사람을 만납니다.

돈을 벌기 위해 산다는 사람도 있고, 즐기기 위해 산다는 사람도 있습니다. 어떤 사람은 가족을 위해 산다고 하고, 살아 있으니 그냥 산다는 사람도 있지요. 사람들이 추구하는 삶의 목적은 거창하기도 하고, 사소하기도 하고, 황당하기도 하고, 눈물겹기도 합니다. 그들의 이야기는 여행자 자신에게 '나는 무엇을 위해 사는 걸까?' 하는 질문을 던지게 합니다. 만나는 사람이 많아지고 생각이 깊어질수록 여행자는 철학자가 되어갑니다.

삶의 실체, 태도, 목적이라고 거창하게 이야기했지만 이것을 배우는 방법은 생각보다 쉽습니다. 여행지에서 뭐든지 자세히 보고, 따라 해보고, 생각해보게 하는 겁니다. 자세히 보면서 삶의 실체를 이해하고 따라 하면서 삶의 태도를 배울 수 있습니다. 삶의 목적은 고민하고 생각하는 과정을 통해 배울 수 있지요.

이렇게 배우고 나면 이제 남은 건 실천입니다. 니체가 이야기한 것처럼 '가장 높은 단계의 사람은 내면적으로 배운 것을 남김없이 발휘해서 살아가는 행동가'입니다. 배우기만 하고 실천하지 않는 것은 TV 요리 프로그램을 보면서 침만 흘리고 있는 것과 같습니다. 맛있는 요리가 먹고 싶다면 요리 프로그램에서 배운 레시피대로 요리를 시작해야겠지요. TV만 열심히 들여다본다고 맛있는 요리를 맛볼 수 있는 것은 아닙니다. 침만 흘리고 있느냐, 진짜 요리를 맛보느냐는 실천에 달려 있습니다.

둘 사이엔 엄청난 차이가 있습니다. 배운 것은 같지만 완전히 다른 현실을 맞이합니다. 여행을 의미 있게 만드는 것도 결국 실천에 달려 있습니다. 여행하면서 배운 것을 실천하면 삶 자체가 달라집니다. 여행을 인생의 전환점으로 만들지, 아니면 그저 재미있었던 추억으로 만들지는 실천 의지에 달려 있습니다.

여행을 통해 성장한다는 것은 '여행을 통해 삶과 친해진다'는 의미입니다. 사람 사는 일이 낯선 일이 아니라 익숙한 일이 됩니다. 사람 사는 일에 대해 더 잘 알게 됩니다. 더 이해할 수 있게 됩니다. 학교 교과서나 학원 문제집으로는 절대 알 수 없지요.

아이랑 손잡고 나란히 여행길에 나서 보세요. 여행으로 성장한다는 말은 아이뿐만 아니라 부모에게도 해당됩니다. 삶에 대해 알아가고 이해하는 것은 평생을 다 해도 모자란 일이지요. 부모가 변화하고 성장하는 모습을 아이에게 보이면, 아이도 틀림없이 달라진 모습으로 응답합니다. 부모도 아이도 함께 성장하는 이 풍경을 두고 '행복'이라 말하고 싶습니다. 행복한 그 풍경의 주인공들을 열렬히 응원합니다. 용기를 가지세요!

마주 보며
여행을 생각하다

아이가 잘못 했을 때, 어떻게 하시나요? 혼내시나요? 아이를 혼내는 부모의 모습은 흔히 볼 수 있습니다. 길거리에서, 놀이터에서, 마트에서, 학교 주변에서, 집에서. 물론 요즘에는 아이들이 난동을 부리든 말썽을 피우든 상관하지 않고, 아이 기를 살려줘야 한다며 내버려두는 부모도 있습니다. 그런 아이들은 제멋대로 행동하고, 그런 부모는 남들에게 피해를 주든 말든 내 아이만 잘되면 관계없다는 듯이 제멋대로 생각합니다.

잘못한 아이를 향한 부모의 태도가 정말 혼내거나 내버려두거나 둘 중에 하나여야만 할까요? 더 많은 선택지가 있지만 대개 둘 중의 하나를 선택하는 이유는 부모의 관점에서 일방적으로 아이의 행동을 평가하기 때문입니다. 아이를 혼내는 부모는 생각합니다.

'잘못했으면 당연히 혼나야지. 엄마가 혼내는데 태도가 왜 이래? 버릇없이.'

아이를 내버려두는 부모는 생각합니다.

'이 정도는 넘어갈 수 있는 일이지 뭐. 애들이 다 그렇지. 혼내면 애들 기만 죽어.'

똑같이 잘못했더라도 어떤 부모는 혼내고, 어떤 부모는 내버려둡니 다. 잘못한 아이를 향한 부모의 행동 기준이란 지극히 주관적이기 때문 이지요. 어떤 부모는 기분 좋을 땐 아이를 내버려두고 기분이 좋지 않 을 땐 아이를 혼냅니다. 부모의 감정 상태에 따라 유죄, 무죄가 결정됩 니다. 이것만 봐도 아이를 향한 부모의 태도가 얼마나 주관적인지 알 수 있습니다.

그럼 어떻게 해야 할까요? 잘못한 아이를 향한 만고불변의 객관적 기 준을 만들어 정확하고 냉철하게 판결문을 작성해야 할까요? 아니면 지 나가는 누구라도 붙잡고 저게 잘못된 행동이냐고 물어보기라도 해야 하는 걸까요?

부모가 완벽하게 객관적으로 아이의 행동을 바라보는 것은 불가능합 니다. 부모뿐만 아니라 교사도 마찬가지입니다. 아이를 향한 애정이 손톱만큼이라도 있다면 객관적인 판단은 어렵습니다. 너무 주관적이어서도 안 되고 객관적인 판단은 불가능하다면 대체 어쩌라는 말일까요?

아이 얼굴을 마주 보고 이야기하라는 말이지요. 주관적이네 객관적이네 하는 것도 부모의 입장에서 일방적으로 생각하는 데서 비롯된 겁니다. 마주 본다는 것은 대화의 기본자세입니다. 서로의 얼굴을 바라보며 눈을 맞춰야 합니다. 그다음에 잘못에 대해 일방적으로 혼자 이야기하는 게 아니라 대화를 시작해야 합니다.

부모의 생각을 차분하게 이야기해보세요. 그리고 아이의 이야기를 들어보세요. 만약 잘못된 게 있다면 구체적으로 그 잘못을 짚어줘야 합니다. 그저 추상적으로 "그러면 되겠어? 안 되겠어?" 하면 당연히 안 된다 합니다. 하지만 아이는 뭐가 안 되는지도 모르고 상황을 모면하기 위해 그냥 대답만 할 뿐입니다. 구체적으로 어떻게 왜 잘못됐는지 자세히 알려줘야 합니다.

이때 가장 중요한 것은 부모의 자세입니다. 부모가 진지하게 아이의 이야기를 듣고, 정말 진심으로 너와 이야기하고 싶다는 분위기를 형성해야 합니다. 진지한 분위기는 아이가 부모의 진심을 느낄 수 있게 해주고, 지금 이 상황에 집중하도록 합니다. 눈을 마주치고 진심으로 마음을 담아 구체적으로 이야기해보세요. 그럼 아이도 상황을 진지하게 받아들여 자기 잘못을 인정합니다.

만약 아이가 부모의 말을 귀담아듣지 않는다면? 부모가 진지한 태도를 보이지 않았거나 평소에 관계가 좋지 않았기 때문입니다. 이런 상황에서 이야기를 귀담아듣지 않는다고 혼내면 관계만 더 악화될 뿐이지요. 이럴 땐 시간을 두고 잠시 그 상황에 대해 생각해봐야 합니다.

무엇이 잘못됐을까요? 평소 아이와 관계는 좋은데 아이가 진지하게 받아들이지 않았다면 부모의 진심을 전달하는 요령이 필요합니다. 시끄러운 장소보다는 단둘이 있을 만한 조용한 공간이 좋고, 편안한 자세로 이야기할 수 있게 배려해야겠지요. 되도록 눈높이를 맞춰서 마주 보도록 하고 중요한 이야기를 할 만한 분위기를 만들어보세요. 혼자서 어렵다면 엄마, 아빠가 함께 이야기해보는 것도 좋습니다.

평소 아이와의 관계가 좋지 않다면 관계부터 회복해야 합니다. 관계가 좋지 않으면 대화 자체가 어렵기 때문입니다. 관계를 회복하려면 아이와 함께하는 시간을 가지는 게 중요합니다. 장소는 일상적인 공간보다는 새로운 느낌을 주는 낯선 공간이 적당하고요. 역시 아이와 함께 떠나는 여행이 제격입니다. 관계가 회복되고 부모의 진심이 전달되면 분명 내 아이는 달라집니다.

아이와 마주 보는 시간은 부모의 일방적인 생각을 전달하는 시간이 아니라 아이를 이해하는 시간이 되어야 합니다. 아이의 입장을 이해하고 아이가 왜 그랬는지 생각하는 시간입니다. 하지만 이게 말처럼 쉽지만은 않습니다. 아이의 입장이 대체 뭐기에 이런 행동을 하는 걸까요?

해답은 시간 인식의 차이에 있습니다. 우리는 저마다 다르게 시간을 인식합니다. 똑같은 시간도 그 사람이 처한 상황에 따라 영원처럼 길게 느껴지기도 하고 순간처럼 짧게 느껴지기도 합니다. 지루한 수업을 듣고 있으면 시간이 정말 안 갑니다. 시계가 고장 난 게 아닌가 하고 계속 쳐다보지요. 재미있는 게임을 할 땐 끝나는 게 아쉬울 정도로 시간이 금방 지나갑니다. 역시 시계가 고장 난 게 아닌가 하고 의심하지요.

이런 차이는 부모와 아이 사이에선 더 크게 벌어집니다. 부모는 아이보다 시간을 짧게 느끼고 항상 시간이 없어 쫓겨 다닙니다. 반면 아이는 부모보다 시간을 길게 느끼고 무한한 것처럼 여기기도 합니다. 그래서 부모는 아이가 할 일 없이 빈둥거리거나 느려터진 행동을 보이면 조바심이 날 수밖에 없습니다. 부모로서는 빨리 끝내고 놀면 될 것을 왜 저러나 싶고, 아이 입장에서는 하고 있는데 왜 저러나 싶지요. 이렇게 입장 차이가 나는 이유는 실제로 같은 시간도 부모와 아이는 서로 다르게 인식하기 때문입니다.

건국대학교병원 정신건강의학과 전문의 하지원 교수가 네이버 캐스트에 연재하는 〈부모를 위한 심리학〉을 보면 '십 대와 부모의 시간 개념의 차이'라는 제목의 글에 이런 내용이 있습니다.

차를 타고 가면서 목적지까지 얼마나 남았냐고 물을 때 "10분 정도 더 가야 해"라고 하면 10분을 기다리지 못하고 몇 번이나 "다 왔어요? 아직도 더 가야 해?"라고 되물어 부모를 짜증 나게 하는 것도 이 시기다. 아이가 참을성이 없어서가 아니라, 아직 10분이란 시간을 셈할 줄 모르기 때문이다. 학자들의 연구를 종합해보면 대략 13살 정도인 십 대 중반이 되어서야 시간에 대해 겨우 파악할 수 있고 능숙하게 말할 수 있다.

아이가 느끼는 시간과 부모가 느끼는 시간은 분명히 차이가 있습니다. 아이는 부모가 느끼는 시간 속에 사는 것이 아니라, 아이가 느끼는 시간 속에 살고 있습니다. 그런데도 부모가 부모 입장에서만 아이의 행동을 평가한다면 분명 모든 게 이해되지 않을 겁니다.

아이가 느끼는 시간과 미래에 대한 생각을 이해하려면 아이와 함께하는 시간을 마련해야 하고 그 시간을 공유할 만한 거리를 찾아야 합니다. 그저 생각으로만 내 아이를 이해해보자고 덤벼서는 변화가 있을 수 없습니다. 아무리 많은 교육 서적을 읽고 좋은 강좌를 들어도 소용없습니다. 아이와 함께하는 시간, 아이를 이해하려는 노력이 뒷받침되어야 내 아이를 마주 볼 수 있고 대화를 시작할 수 있습니다.

여행은 부모와 아이가 함께하는 시간을 만들어주고 공유할 거리를 선물합니다. 내 아이와 손잡고 세상을 누비다 보면 아이는 어느새 내 얼굴을 바라보고 있을 겁니다. 이제 자세를 낮춰 내 아이와 같은 눈높이에서 마주 보고 이야기를 시작해보세요. 지금이야말로 "사랑해"라는 그 말 한마디가 필요한 순간입니다.

외계인을 이해하기 위한 마이너리티 리포트

아이를 마주 보고 이해하고 싶지만 도무지 이해되지 않을 때도 있습니다. 누굴 닮아 저러나 싶지요. 특히 엄마는 아들을, 아빠는 딸을 이해하지 못할 때가 많습니다. 남자와 여자는 뇌부터 차이가 있습니다.

엄마의 배 속에서 남자아이는 우뇌(창의력, 상상력, 통찰력, 정확한 사고, 숫자 지향적)부터 발달하고, 여자아이는 좌뇌(체계적, 질서 유지, 언어 지향적)부터 발달합니다. 남자아이보다 여자아이가 비교적 질서를 잘 지키는 이유도 좌뇌의 발달과 관련이 있지요.

저는 아들이 어릴 땐 엄마가, 딸이 어릴 땐 아빠가 관심을 가지는 게 좋다고 생각합니다. 서로에게 부족한 부분을 채워줄 수 있거든요. 그러다 자기 영역이 중요해지는 사춘기가 되면 아들은 아빠가, 딸은 엄마가 공감해주는 게 좋습니다. 같은 남자끼리 또는 여자끼리 통하는 부분도 있고 아이를 이끌어줄 모델이 될 수 있기 때문이죠. 물론 부모가 다 같이 힘을 모을 수 있다면 더 좋습니다.

아이와 이야기할 때도 아들은 옆에 앉아서 이야기하고, 딸은 마주 보고 이야기하는 게 좋습니다. 아들은 마주 보고 이야기하면 잔소리로 여기는 경향이 강하고, 딸은 마주 보지 않으면 무시한다고 생각하기 때문입니다. 참 까다롭지요? 하지만 아이와 여행할 때 이런 작은 부분을 잘 기억해두면 꽤 도움이 되니 헷갈리지 말고 잘 알아둡시다.

길 위에서
교육을 생각하다

　우리는 저마다의 길을 걸으며 살고 있습니다. 하지만 그저 그렇게 사는 것만이 목적은 아니겠지요. 앞으로 나아가고 성장하기 위해 길을 걷고 있습니다. 우리 앞에는 수많은 길이 있고, 내가 갈 길을 선택해서 살아갈 수 있습니다. 하지만 모두가 그렇게 살 수 있는 것은 아닙니다.

　내 아이의 삶도 마찬가지입니다. 아이는 지금 이 순간도 성장하고 있고 앞으로도 성장할 겁니다. 성장하는 그 길은 선택할 수 있지만, 모두가 선택할 수 있는 건 아닙니다. 아이를 위한 길은 여러 가지가 있지만 그 길을 아이가 선택할 수 있게 이끄는 부모도 있고, 자기가 선택해서 아이를 떠미는 부모도 있습니다. 때론 세상에 휩쓸려 부모도 아이도 모르는 사이에 그 길을 걷기도 합니다. 어떤 경우가 가장 좋을까요?

　아이가 살아갈 아이의 인생이니 그 길을 선택하는 것도 아이가 해야 합니다. 부모는 다만 아이가 신중한 선택을 할 수 있도록 응원해주고 격려해줄 뿐입니다.

그런데 부모 마음이 어디 그렇겠습니까? 길을 걷다 아이가 넘어지면 냅다 달려가는 존재가 부모이고, 엉뚱한 방향으로 가면 소리쳐서라도 데리고 오는 사람이 부모지요. 손톱만큼이라도 도움이 될 수 있으면 뭐든지 할 준비가 되어 있는 것이 부모의 마음이고, 이 마음의 근본은 자식을 향한 뜨거운 사랑입니다.

이 사랑을 아이에게 제대로 고백하기 위해선 지혜로운 부모가 되어야 합니다. 길을 걷는 아이에게 이 길이 어떤 길인지 알려주고, 왜 이 길을 걷는지 끝없이 질문해 생각하게 해보세요. 아이가 길에 대해 좀 더 잘 알게 되고, 왜 그 길을 걷는지 스스로 깨닫게 되면 그것이 바로 성장입니다. 성장한 아이는 부모의 생각보다 훨씬 많은 것을 할 수 있고, 훨씬 멋진 길을 꿈꿀 수 있습니다. 이런 성장을 이끄는 가장 중요하고 근본적인 활동은 아이가 자기 스스로 이렇게 질문하게 만드는 겁니다.

'내가 진짜 원하는 게 뭘까?'

얼마 전 저는 아이들과 함께 대만으로 배낭여행을 다녀왔습니다. 대만에 도착해 첫 번째로 들렀던 곳은 타이베이에서 좀 떨어진 '스펀'이라는 탄광 마을이었지요. 지금은 관광지로 개발되어 많은 사람이 찾는 곳인데, 이곳을 찾는 사람들은 대부분 '천등 날리기'를 합니다. 대략 1m

정도 되는 큰 천등에 소원을 적고 불을 붙여 하늘로 날리는데, 의미도 있고 추억도 남길 수 있어 아이들과 한번 해보기로 했습니다.

그 전날 미리 아이들에게 소원을 생각해두라고 이야기했지만, 아이들은 언제 그런 이야기를 했냐는 듯 즉석에서 소원을 생각해냈습니다. 붓을 들고 천등 앞에 서서 고민하다 적은 아이들의 소원은 '전교 1등', '가족의 건강', '행복'이라는 소원이 많았고, 장래희망을 적은 아이들도 드문드문 있었습니다. 평소에 생각하지 못했던 것들을 생각하느라 뇌가 피곤해졌다고 말하는 아이도 있었지요. 아이들은 자기 소원이 적힌 천등을 소중하게 다루었고, 하늘로 날리고는 한참을 쳐다보았습니다. 어떤 아이는 하늘 높이 날아가는 천등을 보며 잠시 생각에 잠기기도 했습니다.

아이에게 소원은 어떤 의미일까요? 내가 하고 싶은 것? 부모님의 기대에 부응하는 것? 남들 보기에 좋은 직업을 가지는 것? 그게 무엇이든 어떤 의도이든 나름의 소중한 가치가 있다고 생각합니다. 다만 무엇을 원하는지 얼마나 구체적으로 이야기할 수 있는지는 생각의 기회만큼 자랍니다. 아이가 무엇을 원하는지 자주 생각하고 깊이 고민할 수 있게 이끌어주세요. 충분히 생각하고 깊이 고민한 아이라면 자신 있게 길을 선택하고, 힘차게 그 길을 향해 발을 내디딜 수 있을 겁니다.

길을 걷는 아이가 성장할 수 있도록 이끄는 또 다른 활동은 '적절한 때를 기다리는 것'입니다. 앞에서 이야기했듯이 아이가 길을 걷다 넘어지면 달려가는 게 부모의 사랑입니다. 하지만 그렇게 넘어진 아이가 스스로 일어날 때까지 기다려주는 것도 부모의 사랑이지요. 기다림은 어쩌면 부모에게 주어진 가장 가혹한 형벌일지도 모릅니다. 그걸 지켜보느니 가서 일으켜 세워주는 게 더 마음 편합니다. 하지만 일어나는 법을 배우려면 스스로 일어나봐야 합니다. 기다려주세요. 아이를 믿고. 그럼 언제까지 기다려야 할까요? 그냥 무작정 기다리면 되는 걸까요?

지혜로운 부모가 되기 위해서는 적절한 때를 알아차려야 합니다. 부모가 흔히 아이들의 미래를 위해 많은 이야기를 해주면 아이들은 그걸 잔소리로 받아들입니다. 그런데 전문가들이 이야기하면 조언으로 받아들이기도 합니다. 같은 내용을 이야기했더라도 다른 하나는 잔소리로, 다른 하나는 조언으로 받아들이는 이유는 뭘까요? 부모라서? 전문가라서? 아이를 사랑하는 마음이야 전문가보다는 부모가 훨씬 더 깊습니다. 하지만 부모는 적절한 때를 기다리지 못했고, 전문가는 그 적절한 때를 잘 활용했기 때문입니다.

아이 입장에서는 내가 듣기 싫을 때, 내가 도와달라고 청하지도 않았는데 억지로 도움을 받을 때 잔소리가 됩니다. 하지만 내가 고민하고 도움을 요청했을 때 적절한 이야기를 들으면 그건 조언이 되지요. 이런 '적절한 때'를 알아차리려면 아이를 잘 지켜봐야 합니다. 기다리라고 해서 아이를 수수방관해선 안 되지요. 관심을 두고 계속 주의 깊게 지켜보다가 아이가 원할 때, 도움이 필요할 때 도와주는 것이 지혜입니다.

아이를 성장으로 이끌기 위한 마지막 활동은 '교육의 목표에 대한 고민'입니다. 부모라면 아이 교육이 무엇을 목표로 하고 있는지 고민해봐야 합니다. 무엇을 위해 교육하고 있고 어떤 방향으로 나가야 하는지 생각해야 합니다. 여러분은 무엇을 위해 교육하고 있나요? 이 질문에 막힘없이 답할 수 있을 때까지, 확신에 차 이야기할 수 있을 때까지 고민해야 합니다. 이런 고민 없이 생활에 쫓겨 살다 보면 결국 '학교나 학원에서 알아서 해주겠지' 하고 다른 사람에게 기댈 수밖에 없습니다. 그러다 문제가 생기면 당황하겠지요.

여행을 떠나 길을 걸으며 교육의 목표에 대해 생각해봤습니다. 오늘날 난무하는 삶의 요령과 복잡한 처세술이 교육의 목표는 아닐 겁니다. 교육은 결국 삶에 바탕을 두어야 합니다. 살아가는 일에 대해 배우고 그 속에서 행복해지는 길을 찾는 것이 목표가 되면 좋겠습니다. 아이들에게 삶의 가치와 자세에 대해 일깨워주는 것, 철학에 눈을 뜨고 자신의 삶과 우리 주변의 삶에 대해 고민하고 생각해보는 것, 그 근본이 마련되도록 하는 것이 정말 교육이 해야 할 일이라는 생각이 들었습니다.

지금 힘쓰고 있는 지식, 창의성 교육도 어느 정도는 필요합니다. 그러나 여기에만 힘을 쏟는 우리 교육의 목표는 아이들을 능력자로 만드는데 있습니다. 아는 게 많고 영어도 잘하고 게다가 창의적이기까지 한 능력 있는 아이를 만들기 위해 교육하는 거지요.

목표를 바꿔야 합니다. 능력자를 만드는 게 아니라, 아이들의 행복에 관심을 가져야지요. 행복하려면 사람 사는 일을 배우는 게 우선입니다.

삶을 배우고 삶을 공부하게 하는 게 목표라면 어떻게 교육해야 할까요? 그 삶이라는 것 속으로 아이를 데리고 가야 합니다. 나와 그 둘레의 삶뿐만 아니라 다양한 곳에서 다양한 모습을 하고 살아가는 사람들의 삶을 보고 듣고 느낄 수 있어야 합니다.

삶을 배우고 공부하는 이유는 결국 '행복'입니다. 내 아이가 좀 더 행복해지는 길은 무엇인지 진지하게 생각해보세요. 그리고 그 길을 걷는 우리 아이를 응원합시다. 내 아이는 혼자가 아닙니다. 아이의 뒷모습을 사랑으로 바라봐주는 부모가 함께 있습니다.

어린 배낭여행자를 위한 지혜

배낭을 싸는 건 삶의 과정과 같습니다.

무겁게 욕심내면 힘만 듭니다. 가볍게 포기하면 불편하지요.

적당한 배낭을 싸고 그 배낭을 바른 자세로 둘러메고 한 걸음씩 내딛는 것이 시작입니다.

우리 아이들은 저마다 자기만의 배낭을 메고 있습니다.

그 안에 살면서 필요한 것들을 하나둘씩 챙기고 있습니다.

어떤 아이는 너무 무거워서 힘듭니다. 어떤 아이는 너무 가벼워서 불편합니다.

많이 여행해본 사람은 적당한 배낭의 무게를 압니다.

여행이 가르쳐준 배낭의 무게. 그 무게가 삶의 지혜입니다. 살아 있는 교육의 목표입니다.

부모의 행복이 곧
아이의 행복

법륜 스님의 이야기는 항상 저에게 큰 울림으로 남습니다. 법륜 스님의 《엄마수업》에는 이런 내용이 있습니다.

살아온 인생을 돌아보세요. 여러분은 자기 삶을 살고 있습니까? 부모한테 끌려서 살다가 결혼하면 또 남편한테, 애 낳으면 애한테 끌려서 사는 분들이 많지요? 가족을 위해 산다고 생각했는데, 중년이 되면 어때요? 애들은 사춘기라고 자기 마음대로 하려 들고, 남편도 직장생활에 바빠서 대화가 잘 안 됩니다. (중략) 행복은 봄볕 들 듯이 나에게 들어 있습니다. 다만 내가 눈을 감고 있거나 응달에 있으면서 세상이 어둡다, 세상이 춥다고 아우성치는 것과 같아요. 그러나 눈을 뜨면 세상이 밝음을 알 수 있습니다. 그러니 깨어서 바라보세요.

살아온 인생을 돌아보고 자기 삶의 주인이 누구인지 확인하는 것은 다른 어떤 사람도 대신 해줄 수 없는 일입니다. 그 일을 미루고 당장 앞에 닥친 문제들만 바라보고 있으면 행복은 먼 나라 이야기가 되지요. 자기 자신을 돌아보는 일. 행복해지려면 이것부터 시작해봅시다.

　누구나 행복해지길 원합니다. 하지만 모두가 행복하지는 않습니다. 왜 그럴까요? 어쩌면 우리의 마음속에는 이런저런 이유로 행복할 수 없다는 변명거리와 불안감이 놓여 있을지 모릅니다. 행복해지기 위한 준비를 하기보다는 불행할 수밖에 없는 이유를 굳이 찾아 나서기도 합니다. 또 어떤 사람은 불행의 원인이 자신에게 있다는 사실을 인정하고 싶지 않아서 다른 사람 핑계를 대기도 합니다.

　레프 톨스토이가 쓴 소설 《안나 카레니나》는 이렇게 시작합니다.

　"모든 행복한 집은 서로 닮은꼴이지만 불행한 집들은 사연이 제각각이다."

　행복한 사람들은 대부분 비슷한 이유로 행복하지만, 불행한 사람들은 온갖 다양한 이유로 불행합니다.

　사랑 이야기와 관련지어 생각해봅시다. 우리가 사랑에 빠진 사람들에게 사랑하는 이유를 물어보면 대체로 '그냥 좋아서', '사랑하니까' 하고 단순하고 간단하게 이야기합니다(물론 계속 캐물으면 다양한 이야기가 나오겠지만 처음엔 대개 그렇다는 말이지요). 반면 헤어진 사람들에게 헤어진 이유를 물어보면 정말 다양한 이유가 등장합니다(이 경우는 캐묻지 않아도 알아서 이유가 쏟아져 나옵니다).

사랑에 빠지는 것은 자연스러운 일이고 이유를 특별히 생각할 필요도 없습니다. 하지만 헤어지는 것은 다 저마다의 이유가 있고, 그 이유의 종류도 아주 다양합니다. 이런저런 일 때문에 우리가 헤어지게 됐고, 상대방의 이런 점 때문에 이런 상황까지 오게 되었다고 계속 이유를 생각해내기 때문이지요.

행복의 이유도 이와 같습니다. 자신을 사랑할 줄 아는 행복한 사람은 특별히 이유를 생각할 필요도 없습니다. 행복하니까요. 하지만 자신을 사랑하지 못하는 불행한 사람은 행복할 수 없는 이유를 자꾸 생각해냅니다. 불행하니까요. 불행하다고 느끼면 '이러면 행복할 텐데' 하고 원하는 조건을 내겁니다.

행복을 위한 조건을 내걸지 마세요. 그 조건이 충족되면 정말 행복할까요? 조건이 충족되면 만족할 뿐이지 행복해지는 것은 아닙니다. 행복해지려면 행복해지기 위한 준비를 해야 합니다.

첫 번째 준비는 스스로를 돌아보는 것이고, 두 번째 준비는 자신을 있는 그대로 사랑하는 것입니다. 둘 다 '나'를 대상으로 하는 것이지 다른 사람을 대상으로 하는 게 아닙니다. 그러니 다른 사람 때문에 행복하지 못하다고 생각하지 말고 '나'에게 집중하는 시간을 가져야 합니다. 이런 시간을 마련하기 위해 여행을 가든 명상 수련을 하든 그건 자기 마음입니다. 무엇을 하든지 '행복해지기 위한 노력'을 시작한다는 데 목표를 두면 좋겠습니다. 행복에 관해 이야기하는 이유는 부모의 행복이 곧 아이의 행복으로 이어지기 때문입니다.

저는 주말마다 아이들을 만나면서 아이들의 행복에 관심을 가지게 되었습니다. 아이들의 웃는 얼굴을 보고 웃음소리를 들을 때마다 '아이들의 세계는 어른들의 세계보다 행복에 더 가깝다'는 생각이 들었지요. 아이들은 작은 일에도 웃을 준비가 되어 있고, 언제나 놀 준비가 되어 있습니다. 아이들은 하루 종일 웃고 놀면 행복입니다.

그런데 웃지 못하는 아이들, 행복할 수 없다고 여기는 아이들을 만나면서 그 이면을 들여다보게 되었습니다. 부모의 행복이 얼마나 중요한지 알게 되었습니다. 부모가 행복한 집의 아이는 쉽게 흔들리지 않고 주변 사람들까지 행복하게 만듭니다. 반면 부모가 불행한 집의 아이는 늘 불안해하고 행복한 순간이 와도 그 행복이 달아날까 봐 겁을 냅니다.

부모의 행복은 곧 아이의 행복입니다. 물론 지금 이 순간 "여러분 행복해지세요!" 하고 외친다고 모든 부모가 갑자기 행복해지진 않을 겁니다. 하지만 아이들의 행복이 부모의 행복에 달려 있다는 사실을 잊지 않고, 행복해지기 위해 노력을 시작한다면 그것만으로도 큰 의미가 있다고 봅니다. 시작이 반이니까요.

행복해지려는 노력과 더불어 또 하나 필요한 것이 있다면 바로 '지혜'입니다. 교육에 관한 지식을 구하러 이곳저곳을 표류하는 부모들의 시대는 지나갔습니다. 지금 이 시대는 너무 많은 교육 지식과 상업적 기술로 가득 차버렸습니다. 휘몰아치는 유행과 부담스러운 제안이 부모들을 뒤흔들고 있습니다.

이런 상황에서 부모는 어떤 경우에도 흔들리지 않을 만한 굳은 심지 하나는 가지고 있어야 합니다. 이것이 부모의 고루한 고집이 아니라 명쾌한 교육 철학으로 자리 잡으려면 지혜로워야 합니다. 교육에 대해 많이 생각하고 고민해야 합니다. 더불어 진지한 자세로 그 답을 구할 줄 알아야 합니다.

지금 이 시대와 아이들을 한번 떠올려보세요. 아이들이 처한 환경은 부모 세대가 자라던 그 시대와는 완전히 달라졌습니다. 그때의 절대적 빈곤은 더 이상 고민거리가 아닙니다. 우리 아이들은 상대적 빈곤에 시달리며 삽니다.

'너도나도 스마트폰을 갖고 있는데 나도 있어야지.'
'게임 잘 모르면 친구들과 대화가 안 되는데 나만 왜 게임 못 하게 해?'
'TV만 켜면 재미있는 게 끝없이 나오는데 뭐하러 힘들게 나가 놀아?'

지금 이 시대를 생각해보면 아이들이 이렇게 생각하는 것은 당연한 일입니다. 어른들도 스마트폰과 게임에 젖어 있고, TV 없이는 하루도 살기 어려운데 아이들이라고 예외일까요?

아이들의 상황을 좀 더 넓은 시야에서 바라봅시다. 아이들이 이렇게 생각할 수밖에 없는 이 상황을 꿰뚫는 지혜를 발휘해보세요. 아이들은 지금 일상에 갇혀 있습니다. 집과 학교를 오가고 학원을 떠돌아다니며 사는 일상에 갇히니 자꾸 주변만 바라보게 되고 그 문화에 젖어들 수밖에 없습니다. 늘 만나는 주변 세상이 다 그런데 부모만 자꾸 다른 세상 이야기를 하니 아이들은 황당합니다.

더 넓은 세상이 있고 또 다른 문화가 있음을 아이에게 직접 보여주세요. 제 눈으로 보고, 귀로 듣고, 몸으로 부딪히면서 깨닫게 해야 합니다. 부모는 그 세상을 설명하거나 증명할 필요가 없습니다. 그 길에 손잡고 함께 있으면 좋고, 좀 더 크면 등 뒤에서 격려해주면 됩니다. 아이들이 겪는 어려움을 이해하고 그 어려움에 공감하고 더 나은 방향으로 이끄는 환경을 만들어주세요.

지식이 많다고 지혜로운 게 아닙니다. 지혜로운 옛 선인들이 우리보다 더 많은 지식을 갖고 있었을까요? 지금 아는 것에 진정성이 더해지면 지혜로울 수 있습니다. 지혜는 요령이 아닙니다. 상황을 꿰뚫어보는 눈이며, 시간이 지나도 여전히 가치가 빛나는 생각입니다. 아이들에게 전해주고자 하는 진정한 부모의 모습이기도 하지요. 지혜로운 부모의 모습은 아이들에게 그 어떤 위인보다 강하게 마음속에 남고, 훗날 살아가는 자세를 만들어주는 훌륭한 모델이 됩니다. 아이를 위해 그리고 자신을 위해 지혜로운 부모의 길을 걸읍시다. 지혜로운 부모가 되기로 결심했고, 그 일을 시작했다면 그것만으로도 큰 의미가 있습니다. 역시 시작이 반입니다.

　오늘날 필요한 교육이란, 아이늘을 어딘가에 가둬 가르치는 것이 아니라 마음껏 길 위를 뛰어다닐 수 있도록 자유를 주는 것입니다. 자기 발로 길 위를 내디디고 손짓하는 친구들을 향해 힘껏 달려가는 겁니다. 어울려 노느라 해가 지는지도 모르게 하루를 보내보는 것입니다. 그렇게 하루를 행복하게 보내면서 마음속에 행복의 씨앗을 심는 것입니다. "행복은 봄볕 들 듯이 나에게 들어 있습니다"라는 법륜 스님의 말처럼 우리가 그토록 바라는 행복은 우리 자신에게 그리고 내 아이의 마음속에서 자라고 있음을 잊지 마세요.

✄ 에필로그 ✄

마음속
그 뜨거운 사랑과의 대화

주말마다 아이들과 여행을 합니다. 좌충우돌 종횡무진 시시콜콜 온갖 일들이 다 일어납니다. 한 달에 한 번씩 만나지만 정이 듬뿍 들었습니다. 이제 초등학교를 마치고 아이들은 졸업을 합니다. 아이들과의 마지막 여행입니다. 이때 항상 드는 생각이 있습니다.

'나는 정말 아이들에게 최선을 다했을까? 내가 좀 더 잘했으면 더 좋은 여행이 되었을 텐데.'

아쉬움이 남습니다. 누구보다 아이들에게 미안한 마음이 듭니다.

지금도 그렇습니다. '이 책을 쓰는데 나는 정말 최선을 다했을까? 내가 좀 더 고민하고 더 열심히 했더라면 정말 도움이 되는 좋은 책을 쓸 수 있었을 텐데' 하고 진한 아쉬움이 남습니다.

250

여기 이 책에서 전하는 내용은 어디까시나 제가 경험한 아이들과의 관계 그리고 교육에 대한 고민의 결과물 정도라고 생각해주셨으면 합니다.

마지막으로 한 가지 부탁을 남깁니다. 우리 아이들의 미래에 대해 고민하고 교육을 이야기할 때 저를 포함한 다른 사람들의 이야기에 너무 기대지 마세요. 가장 먼저 지금 내 앞에 있는 내 아이의 얼굴부터 똑바로 바라볼 수 있으면 좋겠습니다. 내 아이를 웃음 짓게 하는 것이 무엇인지, 이 아이의 행복은 어디에서 오는지, 여러분 마음속 그 뜨거운 사랑에게 묻고 답을 구하길 빌겠습니다.

시련과 결핍을 자신감과 성장으로 바꾸는
여행육아의 힘

초판 1쇄 발행 2016년 5월 12일
초판 2쇄 발행 2016년 7월 22일

지은이 서효봉

펴낸이 민혜영
펴낸곳 카시오페아
주소 서울시 마포구 월드컵북로 400 문화콘텐츠센터 5층 출판지식창업보육센터 8호
전화 070-4233-6533 | **팩스** 070-4156-6533
홈페이지 www.cassiopeiabook.com | **전자우편** cassiopeiabook@gmail.com
출판등록 2012년 12월 27일 제385-2012-000069호
디자인 김진디자인

© 서효봉, 2016

ISBN 979-11-85952-45-1

이 도서의 국립중앙도서관 출판시도서목록(CIP)은 서지정보유통지원시스템 홈페이지(http://seoji.nl.go.kr)와
국가자료공동목록시스템(http: //www.nl.go.kr/kolisnet)에서 이용하실 수 있습니다.
(CIP제어번호 :